U0173201

假行家
葡萄酒指南

〔英〕乔纳森·古道尔

〔英〕哈利·艾尔斯　著

俞苏宸　译

上海科学技术文献出版社

Shanghai Scientific and Technological Literature Press

图书在版编目（CIP）数据

假行家葡萄酒指南 / (英) 乔纳森·古道尔，(英) 哈利·艾尔斯著；俞苏宸译 . 一上海：上海科学技术文献出版社，2021

ISBN 978-7-5439-8256-7

Ⅰ.①假… Ⅱ.①乔… ②哈…③俞… Ⅲ.①葡萄酒—通俗读物 Ⅳ.① TS262.6-49

中国版本图书馆 CIP 数据核字 (2021) 第 006201 号

Originally published in English by Haynes Publishing under the title:
The Bluffer's Guide to Wine written by Jonathan Goodall © Jonathan Goodall 2018

Copyright in the Chinese language translation
(Simplified character rights only) ©
2021 Shanghai Scientific & Technological Literature Press

图字：09-2019-499

策划编辑：张　树　　　　责任编辑：黄婉清
封面设计：留白文化　　　　版式设计：方　明
插　　图：方梦涵

假行家葡萄酒指南
JIAHANGJIA PUTAOJIU ZHINAN

[英] 乔纳森·古道尔　哈利·艾尔斯　著　俞苏宸　译
出版发行：上海科学技术文献出版社
地　　址：上海市长乐路 746 号
邮政编码：200040
经　　销：全国新华书店
印　　刷：常熟市人民印刷有限公司
开　　本：889mm×1060mm　1/32
印　　张：6
插　　页：4
字　　数：123 000
版　　次：2021 年 7 月第 1 版　2021 年 7 月第 1 次印刷
书　　号：ISBN 978-7-5439-8256-7
定　　价：50.00 元
http://www.sstlp.com

目 录

本指南将为你提供具体操作说明，让那一干听众心服口服，纷纷大赞你是一位少有的行家，能力出众，经验丰富。没人会发现读这本书之前，说到葡萄酒，你知道的全部就只有葡萄酒是红的、白的或什么介于二者之间的玩意儿。

酒后吐真言

葡萄酒之神秘，别说其他饮料，世间其他东西都少有能及。很多人常常会因此打起退堂鼓，觉得若想宣称自己懂葡萄酒，必须要么曾经踏遍法国各处葡萄园，要么坐拥一个酒窖（随便一个楼梯下的橱柜可不行），要么有不看酒标就完美鉴定出葡萄酒产地的能力。

以上不消说，全是无稽之谈。酒客非德法葡萄酒不可的日子早已经过去了。新世界葡萄酒的出产国——澳大利亚、新西兰、美国、智利、阿根廷和南非也都已经在版图上站稳了脚跟。而沉睡的巨头，比如意大利、西班牙和葡萄牙，则正在通过带劲儿的新类型葡萄酒逐步展现潜力。即使是曾经无可救药的希腊葡萄酒，如今也有所改进。实际上，人们正在最不可能的地方种植葡萄藤：从印度马哈拉施特拉邦的山坡上，到泰国的稻田里，甚至是南美洲巴塔哥尼亚地区塞满绵羊的田野中。而且，随着全球变暖的脚步加快，也许我们离喝到马尔维纳斯群岛①品丽珠和格陵兰岛琼瑶浆的日子也不远了。说这些是希望告诉诸位假行家，不要被所谓的神秘色彩吓到。不过，对老传统和旧礼节有一定程度的熟悉是值得的，这样你就有能力跟那帮特别讲究的人儿在他们的领域里较量一下了。本指南旨在引导你自如通行在最有可能遇见葡萄酒和葡萄酒专家的主要危险区域，将一整套的专业词汇和避重就轻技巧传授与你，把你假行家的身份被揭穿的可能性降到最小。

然而，本指南能做的不止如此。我们还将为你提供具体操作说明，让一干听众心服口服，纷纷大赞你是一位少有的行家，能力出众，经验丰富。没人会发现读这本书之前，说到葡萄酒，你知道的全部就只有葡萄酒是红的、白的或什么介于二者之间的玩意儿。

---

① 阿根廷和英国存在领土争议的群岛，阿根廷称"马尔维纳斯群岛"，英国称"福克兰群岛"。其主岛位于南美洲巴塔哥尼亚南部海岸以东约500公里，处于南纬52°左右海域，而葡萄种植的适宜纬度详见"世界各地的葡萄酒"。——本书注释均为译者注

基础知识

用最简单的话来说，葡萄酒就是发酵的葡萄汁。虽然人们可能还会酿造接骨木花酒、桃子酒、奇异果酒或其他什么奇奇怪怪的果酒，聊天时也会聊到，甚至有机会直接喝到，但作为一名葡萄酒方面的假行家，你没必要对它们有所了解。总之，千万别讨论这类果酒，这些发酵的调制品没有任何神秘色彩，因此也就没有用来吹嘘的潜力。

不含酒精的葡萄酒不能被称之为葡萄酒。葡萄酒跟某些人类一样，离了酒精便不复此身。此外，葡萄酒的原料是且仅能是葡萄。

颜色

葡萄酒有三种基本颜色：红色、白色和桃红色。若想看起来像个真行家，你要举起酒杯并微微倾斜，这样就可以从酒液和杯子接触的边缘进行观察。这种方式可以反映葡萄酒最真实的颜色，还能以此判断酒龄。要是想把派头做足，那就寻一处白色的背景，比如在一张白纸前，再微倾酒杯。在评估葡萄酒的"亮度"（颜色的强度）时，最佳方式是从酒杯正上方向下看。

红色 范围从紫色到淡褐色。颜色明亮且浓郁，标志年份较短，有时也代表更高的酸度。年轻的红葡萄酒往往从中心到边缘颜色都十分明亮，不过随着酒龄增长，边缘的颜色会逐渐变得暗淡，最后变成褐色。年老的红葡萄酒则常呈现出浅砖红色。除陈年时间外，颜色也取决于酿酒葡萄的品种。更具体地说，取决于葡萄皮的厚度，因为色素正是存在于葡萄皮之中的。举个例子，厚皮的赤霞珠或西拉葡萄所酿出的葡萄酒颜色很深，可能会呈现深紫色；而薄皮的黑皮诺葡萄所酿出的葡萄酒颜色更浅，呈现樱桃红色。

白色 范围从几乎透明无色到浅绿色、稻草黄色、浅红铜色、深金色，乃至琥珀色。基本上，如果颜色非常浅，就表示这是支轻盈的干型葡萄酒，未经橡木桶陈酿；与此相对，颜色越深，则暗示口味越丰富，可能经过橡木桶陈酿，或许甜度也更高。通常随着酒龄的增加，颜色会越来越深。

桃红色 范围从平淡的浅粉色到浓烈的桃红色。前者的代表是人称"脸红"的桃红葡萄酒，产自美国，味道好似糖果，与外表一样精致；后面这种桃红葡萄酒则深受"都市美型男"[1]追捧，

---

[1] "都市美型男"（metrosexual）一词由英国记者马克·辛普森创造，指注重外表与时尚的异性恋男性。桃红葡萄酒通常被认为是专属女性的葡萄酒，但2015年，都市美型男们引领并掀起了一阵"是爷们就喝桃红"的风潮。

即代表性产地是西班牙纳瓦拉和法国南罗纳河谷①的塔维尔。

甜型和干型

首先，要牢记：任何声称自己是"半干型"的葡萄酒，实际上都是甜型。其次，所有的葡萄酒（由感染了"贵腐菌"的葡萄所酿造而成的除外——详见"名词解释"中"灰葡萄孢菌"一条）本质上都是干型。若想产生甜味，要么在所有糖分转化为酒精之前停止发酵，要么添加未经发酵的葡萄汁，要么直接加糖——通常是液态的糖。

上述种种并不意味着你应该对甜型葡萄酒不屑一顾。长期以来，无知者们都对甜型葡萄酒嗤之以鼻，以至于这个话题很值得我们对自己的听众炫耀一番。建议你讲讲鲜为人知的卢瓦尔白葡萄酒，或一等华贵的德国逐串精选葡萄酒（Auslesen）、逐粒精选葡萄酒（Beerenauslesen）和贵腐精选葡萄酒（Trocken-beerenauslesen）——还好，后面两种可以分别简称为 BA 和 TBA。想收获一波崇拜的眼神，奥地利有一个叫鲁斯特的地方，你就推荐一款自那儿出产的 TBA 吧。

加强

绝大多数葡萄酒是未经加强的——通俗点说，就是葡萄酒中只含有大自然通过阳光和葡萄提供的酒精。不过，有些葡萄酒通

———————————————

① 罗纳河谷中间河道即罗纳河（Rhône），或译"隆河"。

过额外添加配料达成加强，如波特酒、雪利酒和马德拉酒，还有马沙拉和马拉加这两种久负盛名的白葡萄酒，而添加的内容可从白兰地到工业乙醇。加强型葡萄酒就好比修满防御工事的城镇，不应掉以轻心。它很快便会使你微有醺意，若是不够小心，你就会迎来最糟糕的后劲儿。

静止和起泡

无须赘述，如字面意思所示：装在又厚又重的酒瓶中，配的软木塞裹在铁丝里，拔也拔不出来，那这支葡萄酒是起泡的（即"气泡"，但出于某种原因，这个词一定不可用于葡萄酒）；若是普通酒瓶加上拔不出来的普通软木塞，则是静止酒。你会发现有很多静止葡萄酒也冒点气泡——更确切地说，是"起泡"——乐趣从这里才开始。有时二者很容易区分，比如遇上葡萄牙绿酒。不过，即使遇上完全没头绪的情况，你也没必要怀疑是不是搞错了。不管怎样，你要做的就是这样说：

（如果是法国酒）嗯……是半起泡酒。

（如果是德国酒）好像是汽酒。

读懂酒标

在品鉴葡萄酒的道路上，你还将遇到一个额外的障碍，那就是解读标签。有时上面印着的信息晦涩难懂，让人摸不着头脑。这方面罪孽最深重的无疑是德国人，德国葡萄酒术语本就复杂，他们还要使用难以辨认的哥特字体印刷——这完全就是犯罪。如果你能读懂德国葡萄酒酒标，那你就能读懂世间一切。另一方面，在纯粹的自命不凡上，法国葡萄酒酒标则可谓业界领跑者：

波尔多上好佳酿（*Grand Vin de Bordeaux*） 嘻，波尔多面积广大，这酒可能没自己宣称的那么上、好、佳。

拉图圣伊波利特酒庄[①]（*Château La Tour de St-Hippolyte*） 某些妄自尊大的无名小辈试图蹭名庄的光。

优级波尔多（*Appellation Bordeaux Supérieur Contrôlée*） 别太兴奋，这里的"优级"仅仅是指酒精度数高一度。

全新橡木桶特酿（*Cuvée fûts neufs*） 我的天！这酒喝起来的味道像个自己打的碗柜！

年份：1995（*Millésime 1995*） 别太当真，不过是个印上去的数字而已。

在庄园装瓶（*Mis en Bouteille au Domaine*） 某个拥有移动装瓶生产线的哥们来后院了。

澳大利亚酿造法国葡萄酒（*French Wine Made by Australians*） 原来是澳洲人的复仇。

虽说德国葡萄酒的酒标包含过多信息，但它们也的确有用，别家

---

① 圣伊波利特酒庄（Château de Saint-Hippolyte）和拉图酒庄（Château Latour）都是法国名酒庄，而文中所举例子将两个酒庄名混合改写，冒充名牌。

的酒标问题就在于给出的信息过少，个中翘楚便是希腊葡萄酒。在为葡萄酒命名时，希腊人会用上希腊众神的名字，如阿弗洛狄忒和巴克科斯[1]；也会用史诗英雄的名字，如奥赛罗[2]和俄瑞斯忒斯；还有——这名儿取得让人一头雾水——厕所清洁剂的名字，如黛美思。除此之外，他们的酒标不会告诉你任何关于年份或产地的信息，更别说其他什么你想知道的内容。再者，考虑到某些希腊葡萄酒的品质，这种策略或许也合情合理……

总之，为了能不出岔子地侃侃而谈，要在酒标上寻找的信息包括以下几条：

年份[3]　通常清晰可见。有些葡萄酒会标"Non-vintage"（无年份），但你清楚：仅两种被大众接受的无年份葡萄酒是雪利酒——基本未曾标过年份——和香槟。

葡萄品种　别期待每瓶都会印。举个例子，像波尔多和勃艮第这样的酒中贵族就不会标出用以酿酒的葡萄品种——他们觉得你肯定知道。

原产国　一定要看下是否印有这个标识：有些葡萄酒带着耻辱的印记——"欧洲日常餐酒"（EU Tafelwein）。有这

---

[1] 巴克科斯为罗马神话中的酒神，对应希腊神话中的狄俄倪索斯。

[2] 奥赛罗为英国剧作家莎士比亚著名悲剧《奥赛罗》主人公。与前一处巴克科斯均非希腊文化相关人物，或为对希腊葡萄酒的讽刺。

[3] 年份，指的是葡萄采摘的年份。气候是影响葡萄酒年份最重要的因素之一，因为每个年份的天气状况都不同，所以不同年份出产的葡萄酒风格也各不相同。

行字就表明这瓶酒是从欧洲酒湖[1]里捞出来，并且由官僚装瓶的。

产区 找找有没有像"AC"和"DOC"这样的首字母缩写（最近还有"AOP"和"IGP"），这些字母是为了告诉你你手里的酒来自某一指定区域。你手中若是意大利葡萄酒，标产地绝对是桩坏事。

装瓶信息 告诉你这瓶酒是在酒庄装瓶，还是在原产地装瓶。若是在酒庄装瓶，通常被视为件好事，比如标"Château"表示法国酒庄、标"Estate"则是美国酒庄；与之相对，若不在原产国装瓶，通常被看做坏事。

历史上的好年份

葡萄酒年份就好似十八世纪的战争，法国人赢得了大部分胜利，德国人则偶有辉煌战绩，而意大利人就没怎么用过力。

能一口气数出几个历史上的好年份——虽然好像完全没什么用——会给人留下深刻印象。你可以从下面列举的几个开始：

· 1811 年和 1848 年是最容易记住的两个年份（比起记住，喝到这两个年份的葡萄酒才是真的难）。前一个年份中有著名

---

[1] 欧洲酒湖：指欧洲在 2005—2007 年间，由于生产的葡萄酒供应过剩，每年有数亿瓶葡萄酒被转化为工业酒精，其中大部分都是便宜的日常餐酒。

的 1811 年大彗星 ①，而后一个年份代表的则是欧洲革命之
年。

· 然后试试 1870 年——这一年酿的波尔多葡萄酒用了八十年
才达到适饮期，还有好事成双的 1899 年和 1900 年。

· 好年份经常成对出现：1928 年和 1929 年，1961 年和 1962
年，1970 年和 1971 年，1982 年和 1983 年，1985 年和
1986 年，1995 年和 1996 年，2000 年和 2001 年，2005 年
和 2006 年。

· 可话说回来，好年份也会单独出现：1945 年、1959 年、
1966 年、1998 年、2003 年。

· 或是三个一组地出现：1947 年、1948 年和 1949 年，1988
年、1989 年和 1990 年，2008 年、2009 年和 2010 年。

在这个话题上，有几条事项需要留意：

1. 当谈到好年份时，人们似乎向来都默认它指的是生产优
   质波尔多淡红葡萄酒（简称"波尔多"）的年份。
2. 现在平均每三年就有两年是优质波尔多的年份。
3. 所谓的"世纪佳年"至少每十年会出现两次。

---

① 原文作"1811 年哈雷彗星"，疑为作者有误。1811 年大彗星是一颗十九世
纪观测到的长周期彗星，拥有巨大且活跃的彗核，十分耀眼。记录称该
年所产的葡萄酒特别优良。

倘若有谁说："毫无疑问，1928年对波尔多来说是个很棒的年份。"你可以试着这样抬下杠："的确是，不过对托卡伊来说可不是。"或者这样："没错，不过巴罗萨谷的那一年被一场罕见的暴风雨全毁了。"

这些名字拗口的地区过往的年份怎么样，跟你对话的那位有极大可能一点都不知道。

一点历史

葡萄酒自诞生之初便和人类的生活息息相关，跟人类觉得在工作一整天之后得喝上一杯才能恢复元气的历史一样悠久。令人庆幸的是，你需要涉猎的内容只从二十世纪开始，因为十九世纪后半叶爆发的一场蚜虫灾害毁灭了欧洲、非洲以及几乎世界各地的所有葡萄植株。

这场灾难的罪魁祸首叫做葡萄根瘤蚜，这种蚜虫袭击并摧毁了绝大多数葡萄植株的根部。不幸中的万幸是整个过程花费了三十年之久。在此期间，人们轮番试验了各种防治措施，包括使用咖啡渣、香灰和尿液，在葡萄根部埋蟾蜍，等等。一番努力过后，葡萄种植者借着这个机会从美国进口了当地葡萄，因为这些美国葡萄对蚜虫病有一定的抗性，所以被用做砧木来嫁接著名的葡萄品种。

具有讽刺意味的是，根瘤蚜如今正在摧毁美国加利福尼亚州的葡萄园，全因为当年加州人很不幸地把欧洲葡萄品种嫁接在了抗根瘤蚜抗得不太完全的砧木上。

必 要 装 备

葡萄酒不同于其他的艺术形式：想要欣赏美酒就必须购买和消费，因此某种形式的初始投资是必要的。除此之外，有一些装备也相当关键，我们假行家应该先自行熟悉一下。

鼻子

你品到的葡萄酒"味"，有90%是靠鼻孔上方的嗅球感受到的。舌头上的味蕾只能分辨五种基本味道，即酸、甜、苦、咸和"鲜"[①]（常见于亚洲食物）。这就是为什么一旦鼻塞，味觉就常常变得不太灵敏的原因。至于从葡萄酒评论家口中倾泻而出的散文，那都属于更高的层面了。

已故的唐·何塞·伊格纳西奥·多梅克拥有葡萄酒业界最传

---

① 鲜，主要指谷氨酸钠（味精的主要成分）的味道，1908年由日本科学家池田菊苗从海带汤中首次成功鉴别，他将这种味道命名为"鲜味"（umami），后于1985年获得官方认可，成为科学术语。

奇的鼻子，人授外号"El Nariz"（即西班牙语中"鼻子"之意），他还开有一家同名的雪利酒公司。他那大名鼎鼎的鼻子，鼻梁十分细长，再配上鹰钩形的鼻头，能够像蜂鸟的喙一般伸进西班牙雪利酒杯那小巧的郁金香花苞形杯体之中。或许这就是体现自然选择的一个案例——他家世代从事葡萄酒生意。非雪利酒品鉴者不需要如此非凡的鼻子，但鼻子里面的零件必须运行良好。

开瓶器

多数葡萄酒瓶用软木塞封口。然而不幸的是，到今天都没有谁能发明出让人百分百满意的拔出软木塞的工具。如此一来，我们就能理解为何以前的暴躁绅士都是手握烧红的铁钳直接敲断瓶颈的。不过很遗憾，这种方法已经过时了，除非你手边有一堆熊熊燃烧的火，否则无论多么想要实践，都难度极高。作为替代，你或许应该来一把"侍者之友"。它从折刀汲取灵感设计而成，折叠后可以轻松放进口袋。与之相对的是兔耳开瓶器，价格相当于买一张从伦敦到波尔多的机票。兔耳开瓶器只用于严肃场合，不过能让最瘦弱的人不流一滴汗就搞定最顽固的软木塞。

要避开的开瓶器类型包括：圆滚滚的俄罗斯套娃式，你根本看不见自己在做什么，而且手柄很容易在转到一半时脱落；双臂式杠杆型，在软木塞上打洞的动作像是在钻井，拉环可能会卡住你的手指；还有将空气抽出的气压真空式，这么搞，酒瓶有炸开的可能性。

只要螺旋钻头质量不错，手柄舒服又稳固，最简单的就是最好的。

有些葡萄酒会使用不易变形的螺旋盖封口，这让开瓶器毫无用武之地，也让老古板们暴跳如雷。这种立场很蠢，只因以下两点：首先，螺旋盖杜绝了葡萄酒遭遇"软木塞污染"的一切可能；其次，在紧急状况下，螺旋盖也能被快速打开。只有陈年许久的优良葡萄酒——你在超市里绝对买不到的那种——才可能需要使用传统软木塞。通过软木塞进入瓶中的少量氧气被认为"可能"有助于陈年过程，不过人们始终没在这点上争出个结论。然而，有一点可以肯定，那就是使用螺旋盖密封的葡萄酒绝不会被瓶盖"污染"。

相较而言，塑料塞可谓魔鬼的杰作。要想拔出一个塑料塞，必须得拥有钢铁般的肱二头肌，要不然只能将炸药作为最后的开瓶手段了。

喝葡萄酒使用玻璃杯是共识，但对于饥不择食的人来说，任何可以装水的容器都行。

玻璃杯

喝葡萄酒使用玻璃杯是共识，但对于饥不择食的人来说，任何可以装水的容器都行。玻璃杯的优势在于它不会影响酒的风味，不像皮革瓶、金属高脚杯和舞鞋①，而且你还能看到自己在喝什么。杯子的种类相对而言不太重要，不过郁金香形被认为是用来喝大多数葡萄酒的最佳选择。这种形状的杯子能够汇聚酒香，并将之引向你的鼻子。除此之外，选杯子的标准就是越简单越好——毕竟越简单越好洗。

说是这么说，我们最好还是要对醴铎酒杯系列有所了解。醴铎是来自奥地利的高端品牌，其旗下酒杯的天然栖息地为充斥身着笔挺正装侍酒师（专属于你我的葡萄酒服务员）的餐厅中。醴铎已经创造了超过 250 种酒杯，每一种都针对特定的葡萄品种和产地进行设计，旨在将蕴含其中的乐趣最大限度地传递出来。举个例子，醴铎专为霞多丽葡萄酒打造了霞多丽杯。这款酒杯能够将霞多丽的香气以最佳效果展示出来，并将酒液引向舌头上最适合品尝霞多丽的部分。你得知道，醴铎已经售出了成千上万只酒杯。身为一名假行家，在外出就餐时，你要坚持使用醴铎酒杯，并将其描述为（沿用醴铎公司的用词）"传达葡萄酒信息的精密仪器"。私底下，你可以把它们视为餐具，当做工具使用即可。

醒酒器

很多葡萄酒爱好者相信，在喝之前让葡萄酒"呼吸"一下是个好主意。这种做法是基于这样的概念：让葡萄酒跟氧气接触，有

---

① 用女士舞鞋饮酒的行为被认为起源于 1902 年芝加哥一家高级会所，在一名舞者的舞鞋掉落在地时，普鲁士亨利王子的一名随从捡了起来，并用它来喝香槟，后引发效仿，延续至今。

助于其"打开"并释放出酒香。要想让葡萄酒"呼吸",仅仅拔出软木塞是没用的,因为这样跟空气接触的面积太小了。最佳方法是开瓶之后将部分葡萄酒倒入一只玻璃杯中,不仅能增加酒体与氧气接触的面积,还能让你在进入正题之前偷偷来上一小杯。

另一种方法——将葡萄酒倒进醒酒器之中,不过若有葡萄酒狂热爱好者在场,要做好直面骚乱的准备。已故的埃米尔·佩诺教授是波尔多历史上最受尊敬的酿酒学家之一,他曾表示:除了用以去除可能藏在酒瓶底部的沉积物之外,再没有其他需要醒酒的正当理由。佩诺教授认为,除非是珍贵的老年份红葡萄酒或沉淀波特酒,对葡萄酒进行醒酒程序毫无意义。他甚至提出:为老酒进行醒酒程序反而放掉了酒香,导致香气很快消散。因此,为老酒醒酒存在风险,不过对日常廉价酒来说,醒不醒都无所谓。

醒酒很简单,但看起来必须做得能多复杂就多复杂。

醒酒就是将葡萄酒倒入醒酒器中,然后在沉渣一起流进去之前停住。听起来很简单,做起来也**的确**很简单。不过,必须使醒酒看起来能多复杂就多复杂,目标是让整个流程好似一场黑弥撒[①]。点上一支蜡烛,可以使你及时观察到沉积物是否已到达酒瓶颈部,不过更多还是为了营造一种仪式的氛围。全场必须保持肃静,所有人神色专注,直到最后一滴清澈的液体落下为止。

---

① 黑弥撒是各种撒旦教团体通常举行的仪式。

尔后，戏剧性地长舒一口气，用手指擦拭额头，紧绷的精神瞬间放松下来，仿佛自己是刚刚扮演了伟大史诗角色的演员一般。这一切，都是为了强调醒酒所涉及的风险。闻一闻拔出来的软木塞也尤为重要，因为接着要用它去封住醒酒器的瓶口，这种行为大致相当于将手术切除的器官再还给患者。

通常认为没有必要给白葡萄酒醒酒。此外，其视觉效果可能会令人不快地联想到某个体检项目（或许也是白葡萄酒一般装在绿色酒瓶中的原因）。不过，你可以以一记险招开局：坚称优良的勃艮第白葡萄酒需要醒酒，特别是莫索和特级夏布利。这样一来，如果你足够无耻，那么手上橡木味浓重的廉价里奥哈白或者霞多丽都可以拿来唬人，让别人以为它们是经典酒款。如果你手上有瓶廉价的波特酒，想让别人以为它是年份波特酒，那务必为其进行醒酒程序。

酒窖和储存

假行家不应害怕谈到自己的"酒窖"，哪怕你拥有的"酒窖"再四舍五入也只不过是一间地下室而已。基于如此标准，一个"酒窖"中最少收藏有两瓶葡萄酒；若仅有一瓶，那质量应尽可能优良。不过，如果你打算存放葡萄酒，不论时间长短，有两条重要的规则必须遵守：

1. 为了避免软木塞变得干硬，从而使空气得以流入，葡萄酒应平放，或最好头朝下保存。这样做看起来有些古怪，可实际上是运输或储存葡萄酒的常见方式。

2. 应将葡萄酒保存在温度适宜且恒定的地方，最好不高于
   15.5℃，差不多相当于天气凉爽时的气温。然而，这样
   的完美条件几乎不可能实现。所以最好记住，把温度恒
   定在21℃，好于在4.5℃—15.5℃之间波动。当然，还
   有另一个解决办法，那就是在葡萄酒有机会变质之前赶
   紧喝个干净。

不过，窖藏条件差竟有一个优势，那就是放置其中的葡萄酒会
更快成熟。比如说，某些波尔多年份酒（1970年和1975年）需
要好些年才能达到适饮期，但若在集中供暖的公寓里放置一段时
间，这段时间可能会大幅缩短。

温度控制

在香气、味道和质地之后，温度是葡萄酒的第四维度，对品
酒人的整体感官体验影响巨大。侍酒温度过低，白葡萄酒会失去
大量香气和风味。侍酒温度不当可能对一瓶"脱漆剂"来说不是坏
事，但对于像勃艮第白葡萄酒如此昂贵且复杂的酒来说，就是巨
大的浪费了。对于一瓶红葡萄酒，若侍酒温度过于温热，那就使
用"松弛"和"不集中"来描述它，同时抱怨一下入口只有酒精的
味道。坚定地主张在暖气片上预先加热红葡萄酒是一种残暴的行
径，不仅给"料酒"这个词赋予了全新的含义，而且应该跟狩猎
海豹一起被严令禁止。如今被广泛接受的规则是，绝大多数红葡

萄酒都应以室温(法语术语为"chambré")饮用;白葡萄酒则需要略微冷藏,即预先在冰箱里放置一小时,或在冷柜中放置十二分钟。

　　假行家常对冷柜持怀疑态度。从这点可以推测,他们干过把酒放进冷柜后忘了及时取出的事儿——结果酒瓶炸裂,或是葡萄酒变成了冰沙。若你想要的是一杯从内到外都冰透了的白葡萄酒,可面前酒的温度就是顽固地不降下去,那便试试这个小魔法——找到一个可封口的冰袋,往其中倒入一杯的量,然后将冰袋放入冷柜片刻。

　　被普遍接受的共识有:对于强劲且辛辣的红葡萄酒,如澳洲西拉和仙粉黛,最佳侍酒温度在18℃左右;对于中等酒体的红葡萄酒,如里奥哈和基安蒂,温度略微低一些则更好,可以在16℃上下;对于复杂的白葡萄酒,比如上文提到的勃艮第或丰满的橡木风味新世界霞多丽,则为12℃—14℃;对于中等至轻盈酒体的白葡萄酒,如夏布利和长相思,为9℃—10℃,跟爽脆的桃红葡萄酒一样。侍酒时,即使实际温度比最佳温度低也不打紧,因为握在手里会使杯中的葡萄酒快速升温,法国人称之为"手心的温度"。

　　如今非常流行冰镇某些特定的红葡萄酒,作为假行家,需要对获得社会认可这么对待的酒款**如数家珍**。此类葡萄酒包括:未经橡木桶陈酿、轻盈酒体且果味浓郁的红葡萄酒,如(用佳美葡萄酿造的)博若莱、卢瓦尔河谷红葡萄酒(优质品丽珠);以及酒体更加轻盈的黑皮诺、巴贝拉和瓦波里切拉葡萄酒,略微冰镇后似乎会加强它们的口感和酸度，使之更加顺滑和爽脆。

要彰显自己的确是个行家，你也应该冰镇干型菲诺雪利酒和茶色波特酒，以及某些甜型葡萄酒（比如苏玳和波姆德威尼斯麝香葡萄酒）。

当然，在冰镇和室温中间还有一个中间态，叫做酒窖温度。这个温度非常有用，如果你不小心忘记一支葡萄酒到底是该冰镇还是该加热，那么酒窖温度就是它该有的侍酒温度。

品 与 喝

　　身为假行家，永远不要忘记"品"与"喝"是两种不同的行为，绝不能混淆。"品"是一项人们赖以谋生的职业活动。"品"得站着，过程中涉及粗鲁的噪声、扭曲的面孔和痰盂——品酒师从不吞咽（好吧，不能说得太绝对，是极少吞咽）。在伦敦一场时髦的品酒会上，听到某人这样发问："你怎么看待 1985 年的尼德豪泽赫曼豪勒迟摘酒？"被问者谨慎地停顿了几秒，才回答道："坦白说，我不知道，不过好歹就着那酒咽下了块点心。"

　　而另一边，"喝"则是一种乐趣。"喝"都是坐着，除非在酒会上——不过无论何时，酒会都称不上是个乐趣。要是喝到了好酒，那理应要做一些"品"的动作，不过假行家"品"酒的时候心境完全不一样。

　　以下是品鉴动作概述：

　　1. 倒出少量葡萄酒，不要超过酒杯的四分之一。聚精会神地盯着它，神情严肃。如果酒是红色的，那就举起酒杯微微倾斜，然后找一个白色平面当背景以观察弯液面（即液体跟酒杯接触的边缘），因为白色背景会清晰展现出葡萄酒真实的颜色。这就提供了一个完美的借口，让你能正大光明地在某些更有趣的白色背景前举起酒杯，比如白衬衫或白T恤。现实中，只有一种葡萄酒的弯液面会呈现淡青黄色，那就是雪利酒。不过，或许更为简单的做法是看看瓶子上写没写"雪利酒"的字样……

2. 牢牢地握住酒杯，顺时针或逆时针转动（一次务必只选择一个方向）。转动需要一点练习：用力过猛会使酒液溅出，用力太小则一丁点儿作用都起不到。理论上说，这样做能释放酒香，不过实际上只是为了证明你是专业人士。

3. 转动之后，就可以准备闻香了。在这个步骤中，一个形状漂亮的鼻子无疑会有所帮助，但鼻塞的话，就没戏可唱了。有些人喜欢对着葡萄酒左右来回嗅闻，这种做法或许是为了平等对待每一边的鼻孔，可看起来十分邪恶。

4. 结束上述一系列预备活动之后，酒才允许入口。该步骤的要点是，从杯子里喝上一大口，但这一口别大到妨碍你接下去表演最困难的技巧，即在倒酒入口的同时吸入少量空气，并发出清晰可闻的吮吸声。这样可以使含在口中的葡萄酒跟空气接触，释放更多风味。这不是漱口，你应该努力避免做成漱口的样子——除非你喉咙痛。不过嘛，葡萄酒本质上也算是一种消毒剂。

5. 让酒液在口中停留片刻，然后尽可能优雅地将其吐进痰盂、铺有锯末的盒子或盆栽里。在某些品酒会上，吐掉是一个固定步骤。吐的时候要小心，否则年轻的波尔多淡红葡萄酒会搞脏你的前襟，很难洗掉。务必注意，不然很容易就会弄自己一身。

6. 偷偷把你最喜欢的那支葡萄酒倒出一些来喝掉。

7. 为每个步骤做笔记，除了步骤6。

若你喝的是一瓶好酒，或是一瓶主人觉得好的酒，入口之前，别让自己做出除倾斜酒杯、转动酒杯和嗅闻之外的举动。此外，在做这些动作的时候，记得面带笑容、举止有礼，别像专业品酒师那样，目不转睛地瞪着一双充满怀疑的眼睛。最后，尽量避免"喝"酒时也把空气吸进嘴里，否则你可能以后再也不会受到邀请了。

对于一名酒客来说，若打算旋转酒杯，那倒入杯中的酒量不应过半，他或许会感觉这个牺牲也太大了些。

评酒

出于某些原因，很多人都觉得光"喝"——甚至加上"品"——葡萄酒根本不够，他们一定还要发表评价。实际上，在葡萄酒爱好者的社交聚会上，大部分的时间都是在谈论葡萄酒。你私底下或许会觉得这很无聊，或是相当做作，但身为一名假行家，你不仅需要能举止得当地品、喝葡萄酒，而且还得能在评论葡萄酒时坚持自我。

人们会用"火辣"一词来描述一支酒精含量过高的葡萄酒，只有在葡萄酒圈里，这个词不是褒义的。

虽然评酒这个话题相当复杂，但有几条简单的规则，可以引导你出人意料地侃得很久：

1. 除非绝对必要，否则绝不发言。嘴上不置可否的一声"嗯……"，或情感流露的一句"唔……"，或一声"啊！"，伴以挑起的眉毛、眯起的眼睛、紧抿的嘴唇——语气词和玩味的面部表情常常就够了，而且也不会让你被抓到任何把柄。

2. "是"足以应对大多数情况。其一，可加诸其上的语气几乎无限：疑惑的，探询的，质问的，试探的，赞成的，肯定的，欣赏的，狂喜的，等等。其二，生硬干脆的几次重复，可以表达你结束对话的意愿："是是是。"或者语调上扬，表达你的兴奋："是的，是的，是的！"

3. 只要有搪塞过去的可能，就别去描述葡萄酒的真实味道。反之，限制自己只使用以下术语和表达：

   1) 提一提缺量。缺量针对的是瓶中葡萄酒的液面高度。若你注意到瓶中没有全满，那就用不带偏见的语气说："啊，略有缺量。"当然啦，这也可能是由于主人事先喝了一口。

2) 问问这支葡萄酒是否"形成了沉淀（deposit）"。此
"deposit"非彼"deposit"，这儿说的是瓶底的沉积
物，而不是你把空瓶还给商店时获得的退款。

3) 若你发现当自己倾斜酒杯时，杯中的葡萄酒在杯壁上
留下一条厚重且通透的痕迹（大多数红葡萄酒都会），
就说这酒"酒腿不错"。厚重而黏稠的"酒腿"是酒精
含量高的标志。人们会用"火辣"一词来描述一支酒精
含量过高的葡萄酒，只有在葡萄酒圈里，这个词不是
褒义的。

外观

一旦上述招数用尽，就谈谈颜色。在这个话题上，说什么
都应该相当安全，鉴于描述视觉现象远比描述味道或气味容易得
多——除非你是色盲。在酒的颜色这个话题上，温习一下描述金
属制品和贵重宝石颜色的词汇可能是个好主意，比如各种各样的
金色、琥珀色、石榴石红、红宝石红等等，效果可能会特别好。

气味

谈论气味的时候，尤其用英语谈论时，要避免使用"smell"
一词，因为这个单词通常有些令人不愉快的含义。作为替代，可
以选择使用"nose"一词（用在葡萄酒上，它没有任何不好的含
义），意为"葡萄酒的气味"。要是你想卖弄下文采，可以使用

"香气"或"酒香"等词。

假如一瓶葡萄酒闻不出什么气味,试试这样说:"相当沉哑,你不觉得吗?"或者这么说:"这酒仍旧内敛。"相反,如果葡萄酒气味浓烈,你可以说:"这酒十分外放。"当然,以上评论不会表露你对葡萄酒品质的任何看法。如果你想再具体一点,可以从下列常用来形容"葡萄酒气味"的词汇中进行选择:

橡木味、黄油味、香草味 这三个词可以换用,都是用来描述经过橡木桶陈酿的葡萄酒所具有的特殊气味。典型葡萄酒包括里奥哈红葡萄酒和勃艮第白葡萄酒,以及后者的加利福尼亚和澳大利亚翻版。

黑醋栗味 确认一下面前的葡萄酒是不是赤霞珠酿造的,仅在是的情况下使用该词。

香料味 在描述西拉、仙粉黛和琼瑶浆葡萄酿出的葡萄酒时尤其好用。考虑到香料的种类之多,这是个十分模糊的术语,反正它不在假行家的关心范围之内。

当然,人们会说葡萄酒闻起来像各种东西,从紫罗兰、松露(既指法国佩里戈尔地区由猪挖掘出的块菌,也指上面撒有可可粉的美味球状巧克力)和甜菜根,到汗津津的马鞍、湿袜子、农田和汽油。最后那个形容常被用在老年雷司令身上,这种葡萄酒会有一种古怪的汽油味,而且——跟其他很多东西一样,最好用法语来说——有股"石油风味"。高贵的黑皮诺葡萄——用它酿制的勃艮第红葡萄酒十分受欢迎——特别容易产生排遗物的气味。实际上，曾经有位葡萄酒评论家在提及一款勃艮第葡萄酒时，用一种恭维的口吻这样形容道："粪味十足！"

气味显然会奇妙地使人产生各种联想，但内容常常因人而异，并不通用。因此，在这个话题上，你基本畅行无阻，而且感想越私人化越好，反正无人能够反驳你。举个例子："这支葡萄酒让我回想起在克里特岛度过的那个晚上。我也不知道究竟有什么联系——野生百里香，海风，远处有一群山羊……"

描述葡萄酒

四海之内，人尽皆知：描述味道的词汇太少，"甜""干""酸"远远不够。甚至连"酸"的反义词是什么，都没有一个公认的说法。更让人怀疑的是，是否真的存在其他描述葡萄酒味道的权威词语。"咸"和"苦"是另外两种不会被错认的基本味道，但问题是它俩在葡萄酒里没什么戏份。此外的一切全靠比喻，那正是诗人的天堂，假行家的噩梦。但先不要绝望，要知道，你还可以在甜度、干度和酸度三大基本概念上大做文章。

甜度和干度

甜度和干度或许显而易见，但评酒时重申一遍并没什么不好。了解一种葡萄酒理应具有的甜度或干度会很实用，如此一来，不论怎样你都可以声称眼前这支未符合你的预期。使用案例："这对一支苏玳／逐粒精选葡萄酒来说，出乎意料的干。"或

者:"这支夏布利没我想的那么干。"诸如此类的评论相当有效,因为你向其他人展现出了:

你懂行。

以及

即使是错的,你也发表了独到见解。

顺带一提,几乎所有红葡萄酒都是干型,因此说一支波尔多是干型并没有太大意义。你要是发表"高见"说主人的大拉菲意想不到的甜,那话一出口你可就别想得到第二杯了。

酸度

关于酸度,可挖掘的内容不少。非常有趣的一点是,葡萄酒中的酸通常被视为好的成分。因此,"酸度适宜"的评价一击必中,白葡萄酒尤其如此,因为酸等同于新鲜。一支酸度过低的白葡萄酒可能会被批评为"沉重""寡淡"甚至"肥胖"。

同样,葡萄酒有时也会过酸。寒冷国家或地区出产的葡萄酒经常有这种问题,例如德国、法国香槟区和英格兰。对酸度超标的评论,通常会通过情不自禁的肢体语言或面部表情来传达。

用不那么地道的话来说,葡萄酒里含有多种类型的酸。最好的酸没有明显味道，但赋予葡萄酒以新鲜和韵味，例如酒石酸和乳酸；而其他种类的酸都具有独特的味道，比如苹果酸，它会让葡萄酒带上苹果味。不过，这并不一定绝对是坏事。比如说，在描述摩泽尔出产的葡萄酒时，"苹果味"就是个好词。

最糟糕的酸是乙酸，也被称为醋酸。如果你尝到一支葡萄酒中有醋味，又不想让主人不安，那就这样说："这支葡萄酒含有极易挥发的酸，不觉得吗？"用这种方式来表达，就基本不会被认为过于无礼了。

均衡

单单酸度适宜是不够的，葡萄酒还得是均衡的。在葡萄酒世界中，均衡是至关重要的概念。幸运的是，至今没人问过究竟是什么要和什么平衡，在人们的概念里，葡萄酒里的所有成分——酒精、酸度、果味——都得大致协调才行。

不同于人类精神状态失衡，葡萄酒在失衡之前通常毫无征兆。实际上它们大多如此，完美均衡的葡萄酒才是真正稀少的奇迹造物。

单宁

这个术语对假行家来说就友善多了。单宁是一种来自葡萄皮、籽和梗的防腐物质，主要存在于红葡萄酒中。单宁非常容易辨识，因为它会牢牢抵在你的牙齿背面，就像牙医放在你嘴里的那些小小的吸水装置一样。另一个跟牙医折腾你牙的相似之处是，在单宁造访过你的牙齿之后，下一步你得请一位牙医助手来进行清洁。年轻的红葡萄酒若只能用香醇的反义词来形容，那很有可能是"富含单宁"。

"生硬"和"单宁紧致"这两个形容词常常同时出现，特别是当你品鉴年轻红葡萄酒时，堪称最令人不快的美学体验之一。如果你接过一杯红葡萄酒，然后发现它像一位苏格兰银行经理那样充满魅力又态度恭顺，你可以这样说："我发现，其单宁依然非常紧致。"

此处须得警示：某些葡萄酒，尤其是红葡萄酒，毫无疑问跟银行经理十分相似，会从令人不快的生硬和单宁紧致——换句话说，就是太过年轻——直接跨入令人不快的"褪味"阶段（太老），而中间直接跳过令人愉快的香醇阶段。

果味

果味或许是葡萄酒最明显的味道，但仅代表葡萄酒的原点，即造出它来的物质。因此，说一支葡萄酒"具有果味"，就是完全没把它从平凡无奇的葡萄转化为不可思议的饮品的那重重流程放在眼里。

不到无话可说之时，你不应评论一瓶葡萄酒"具有果味"。不过，"有葡萄味"话里的含义不同，因为只有使用某些特定品种的葡萄酿酒（典型代表如麝香葡萄），酿出的葡萄酒才确实具有——或者说"应该具有"——葡萄的味道。

酒体

酒体是必说的描述项。跟后雷诺阿时期画家笔下女性丰满圆润的躯体一样，葡萄酒通常酒体饱满。酒体不够饱满的葡萄酒会被描述为"单薄"，这可不是个褒义词；酒体过于饱满的葡萄酒则会被评价为"肥厚"，而这个词可有点羞辱意味。

男性酒民，尤其在一两杯酒下肚之后，特别容易把葡萄酒比作女性来谈论（有这毛病的人里德国人占多数）。举个例子："这是你会带去看歌剧的那种漂亮姑娘……而这则是你愿意跟她结婚的那种女人。"

通用品鉴笔记

当然，还有其他各种各样评论葡萄酒味道的方式。可跟随著名建议"光明正大地胡编乱造"[1]，发表例如"角点葡萄酒"之类的评论，冗长的德语词汇也是好选择，还可以考虑下"故园风雨后"[2] 风，虽然矫揉造作得让人牙酸。例句："内向，仿佛一只羚羊。""体态饱满，然而已开始衰败。"不过也许是时候来场复

---

[1] "光明正大地胡编乱造"（boldly meaningless）和"角点葡萄酒"（cornery wine）均为英国作家史蒂芬·波特的自造词，出自其1950年的作品《显摆人术：显摆人自助笔记》（*Lifemanship: Some Notes on the Lifemanship*）一书中的"葡萄酒"章节，"lifemanship"一词亦为其自造词。该书是一本充满英式幽默的"伪自助"手册，描述能如何在社交场合不露痕迹地显摆。
[2] 指英国作家伊夫林·沃于1945年所著小说《故园风雨后》（*Brideshead Revisited*），又译《旧地重游》。

兴了。

与上述方式在另一个极端遥相对望的，则是风行澳大利亚和新西兰的南半球有话直说风。例句："不是那种会粘你嗓子眼儿的葡萄酒。"

还有个万金油一样的词供你使用，那就是"明显"，你可以从中获益匪浅。举个例子："这支葡萄酒的酒香明显，你不觉得吗？"这句评价百分百安全，同时又听上去言之有物。

若你一时想不到合适的评论，但又必须说些什么，那么可行之法是尽可能说不具体的评价。例句："嗯……粗糙，但是浓烈。"

以下是其他一些能让你的听众满意的可行评论：

稍微欠点精细。

宽广且厚重。

性感，但质朴。

有趣的深度。

成熟，但不集中。

集中，但不成熟。

过于成熟，仍稍显尖刻。

优雅，但缺乏刚毅。

葡 萄 品 种

现在，你已经知道葡萄酒是由发酵后的葡萄汁制作而成的，也知道（好像你需要被提醒似的）唯有用麝香葡萄酿出来的葡萄酒才确实有葡萄味，剩下的倒是喝得出"葡萄酒味"。但你若是想给人留下懂行之人的印象，那就得再加把劲。

令人沮丧的是，人们有以产地命名葡萄酒的悠久传统（比如波尔多和里奥哈），然而这样做只是徒增神秘，对辨别葡萄酒所用的葡萄品种毫无帮助。不过，感谢近些年来性格乏味的新世界酿酒师们，很多葡萄酒都开始根据葡萄品种命名了，这至少给了你正确分辨出是哪种葡萄的一线可能。虽然葡萄品种学家（研究葡萄藤的专家）可以一口气说出几百个葡萄品种，但本书提及的葡萄种类应该足够你唬住别人了。

虽然葡萄只有两个科，分别是欧亚葡萄和美洲葡萄（其中前者酿造了世界上绝大部分葡萄酒），但用来酿酒的葡萄品种超过五千种。好消息：你没必要全部都知道。

红葡萄

赤霞珠

最著名的红葡萄品种，原产于法国波尔多地区，目前在美国加利福尼亚州、澳大利亚、西班牙、意大利、保加利亚、智利、摩尔多瓦等地也有种植。实际上，赤霞珠已成为世界第一大酿酒红葡萄品种。这可能是因为用赤霞珠酿造的葡萄酒味道都很像利宾纳（一种黑加仑汁饮料），而且并不受产地影响，味道基本相同。这一特性相当有用，尝过你就知道。

品鉴笔记 不会搞错的黑加仑味（要是你想听着做作一点，或"法国人"一些，那就用法语说"黑醋栗"），还有说青椒味、芦笋味、雪松味和熏香味的。假行家可以自信地宣称，这可能就是"年轻时的粗糙与苦涩"。

佳美葡萄酒的气味像煮熟的糖果、香蕉和泡泡糖，深受想唤起心中童真的酒客欢迎。

佳美

佳美葡萄是种将"快乐"加进博若莱葡萄酒之中的紫色葡萄。下回在宴会中看到它的时候，你或许会记起这句俏皮话——也可能不会。佳美葡萄酒柔和的芳香和轻盈的口感通常来自一种被称为"二氧化碳浸渍法"的发酵法：一串串葡萄被完整地放入注满二氧化碳的密闭大桶。在其中，每一粒葡萄都将经历快速的内部发酵。这种技术会产生煮熟的糖果、香蕉和泡泡糖香气，很适合生产受年轻人青睐、酒体轻盈的果香红葡萄酒，在那些想唤起心中童真的酒客间也深受欢迎。佳美葡萄在凉爽的卢瓦尔河谷北部也有种植，那里的酿酒师非常喜欢它早熟的特性。

品鉴笔记 干净的覆盆子和草莓芳香，玫瑰和紫罗兰花瓣一样的口感，毫不意外地能时不时让人想起火箭炮牌泡泡糖。略微冷藏后再呈上桌来，佳美葡萄酒的明快酸度正是熏肉拼盘[1]的完美搭子。

歌海娜

歌海娜原产于西班牙北部。身为假行家的你应指出这种葡萄在原产地会被称为"加尔纳恰"。这个品种跨越比利牛斯山脉、进入法国南部之后，才在那里获得了世人皆知的"歌海娜"一名。在西班牙，歌海娜是纳瓦拉区、佩内德斯区、普里奥拉托区、索蒙塔诺区和里奥哈区的重要品种，能帮助柔和丹魄的口感；在法国，歌海娜在朗格多克－鲁西荣大区、普罗旺斯和罗纳北部都有广泛种植。同时，歌海娜还是法国教皇新堡产区十三个法定葡萄品种中的顶梁柱。这十三个品种里还出人意料地包括一种白葡萄。此外，它还是很多法国桃红葡萄酒背后的嫣红英雄，特别是塔维尔和利哈克。

---

[1] 原文为"charcuterie"，泛指一切烟熏猪肉制品，比如香肠、培根和火腿。

品鉴笔记 年轻的葡萄酒仿若草莓和覆盆子那样的红色水果，由于年份增长、产量有限而渐渐变成黑加仑、黑莓、黑樱桃，甚至黑橄榄那样深色水果般的浓郁口味。可以"相当厚实且辛辣"。

马尔贝克

马尔贝克葡萄本是波尔多混酿中的配角，一直到其大多数植株被"1956年的大霜灾"（你可能太年轻，没有印象）摧毁为止，而法国人的散漫天性让他们甚至都懒得重新种植。后来，阿根廷引进了马尔贝克，并让这个品种成为他们的国家标志，脱胎换骨成了一颗明星。不过，马尔贝克仍然是法国卡奥尔"黑酒"的主要原料，这种酒正如英国商人所描述的那样，颜色深黑如墨。在卢瓦尔产区，人们则会将马尔贝克、佳美及品丽珠混酿。

品鉴笔记 酒体饱满而厚重，带有浓郁的西洋李果味以及紫罗兰香。甘美且野性，跟阿根廷牛肉是绝配——堪称天作之合。

梅洛

原产于波尔多的另一种红葡萄，在美国加州、意大利、保加利亚、智利等地也有种植。用梅洛酿成的酒通常比用赤霞珠酿成的更加可口（口感更柔，单宁更低），但也被有些人视为缺点，可能是因为用梅洛酿出的酒喝不出利宾纳味。这种悠闲随意的风格使其在加州格外受欢迎。

品鉴笔记 酿酒师们似乎对梅洛葡萄酒应该具有的味道并没有达成一致，取决于酒龄，其范围通常从草莓到皮革。有时，抽取的波尔多样品中会出现水果蛋糕的味道。大多数情况下，梅洛酿的酒口感都很柔顺。

黑皮诺

出了名的反复无常和难对付的红葡萄品种。黑皮诺具有跟索尔仁尼琴、奥维德和奥斯卡·王尔德同种的艺术家气质，一旦远离故土便会走向衰颓。黑皮诺的故土，就是其原产地勃艮第和香槟区。因此，你可以多谈谈汉密尔顿罗素葡萄酒园的人造夜丘，因为它位于遥远南非的赫曼努斯镇。此外，本书的编辑坚持认为，澳大利亚的塔斯马尼亚产区也出产一种令人敬重的黑皮诺，尤为值得一提的是火焰湾酒庄。

品鉴笔记 难以捉摸，但不会搞错——从野草莓、甜菜根、白松露到腐烂的蔬菜，甚至是排遗物（但以一个好的方式），可以是其中任何一种味道。

桑娇维赛

托斯卡纳葡萄的代表品种，基安蒂葡萄酒的中流砥柱。考虑到绝大多数基安蒂葡萄酒的品质，一直到前些年，托斯卡纳人还是要么缄口不提桑娇维赛，并用至少尝起来是中性的白玉霓葡萄进行稀释，要么在想拽个时髦发音时，用别名（"蒙达奇诺布鲁奈罗"）来称呼它。而现在，桑娇维赛突然变得迷人起来，世界各地都有种植，尤其是阿根廷和美国加利福尼亚，甚至还有美国得克萨斯。前两处遍地都是意大利人，后面那处稍微少一些。

品鉴笔记 酸酸甜甜的樱桃，咸味可口的日晒番茄干，偶尔会有些许紫罗兰香。

西拉

西拉葡萄深受澳大利亚人民喜爱，不过他们称呼这种葡萄为"西拉子"（Shiraz）——别跟某个也出产葡萄酒的伊朗城市搞混了，那个地方叫设拉子（Shirazi）。西拉葡萄或许是世界上最被低估的红葡萄品种，闻名遐迩的北罗纳河谷葡萄酒就是用它酿造的。

品鉴笔记 香料还有野浆果和野草的味道，或可以说所有毛茸茸的野生东西（但不包括野生白山羊）的味道。

丹魄

丹魄之于西班牙，就好比桑娇维赛之于意大利。这种葡萄不仅用于酿造里奥哈葡萄酒，也用于几乎所有你听说过的西班牙红葡萄酒，以及其他你没听说过的西班牙红葡萄酒。"丹魄"的意思是"略微早熟者"，而据说若不加橡木，其所酿葡萄酒的味道也就稀松平常，这就是为什么传统上里奥哈酒都会在橡木桶中陈酿数年。若是山寨版里奥哈，那就只用几根橡木条，像浸茶包一样浸在酒里。阿根廷和美国加利福尼亚（这地方的人通常什么都会试试）也有种植丹魄。

品鉴笔记 从野草莓到煮熟李子的果味调，隐约有浓烈的香草味和铺有橡木地板的家具仓库味。

仙粉黛

一个源自加利福尼亚的葡萄品种，以成熟时间不一和身世模糊不清闻名。仙粉黛可以被用来酿造甜得好像果酱一样的日常餐酒，或是被形象地称为"脸红"的白仙粉黛葡萄酒——这是一种味同嚼蜡的浅色桃红葡萄酒，其酿酒师确实应该为此脸红。不过，在对的人手里，特别是在山脊酒庄的保罗·德雷珀手里，这种葡萄可以转变为浓郁而集中、血液般鲜红的甘露。仙粉黛的身世也并非真的完全模糊，它跟意大利南部的葡萄品种普拉米蒂沃一模一样，但加州人民大概是不喜欢普拉米蒂沃的发音。

品鉴笔记　一整个香料架的味道（包括黑胡椒、丁香和肉桂），浆果果味尤为突出。不过在名为"脸红"的仙粉黛葡萄酒里，味道却更像滑石粉。

白葡萄

阿尔巴利诺

在西班牙西北部的加利西亚产区，绝大多数时髦又昂贵的白葡萄酒都用阿尔巴利诺葡萄酿造而成。跨过边境线到葡萄牙的北部，这种葡萄则被称为阿瓦里诺，用于酿造最好的绿酒——该地区其他酒允许使用次一些的葡萄。

品鉴笔记　有核水果（桃和杏）的芳香，带一点柑橘类水果（柠檬和青柠）的香气，劲爽的酸度。

霞多丽

这种葡萄被用于酿造勃艮第白葡萄酒和香槟——后者还用其他两种红葡萄混酿，分别是黑皮诺和莫尼耶皮诺。霞多丽也在美国加利福尼亚、澳大利亚、西班牙、意大利、保加利亚、智利等地广泛种植，是目前全球第一大白葡萄品种。任何追求创造性味道的人，比如你，要么对霞多丽葡萄的外表长叹一口气，要么直接把它误认成法国南部的维欧尼葡萄、奥地利的绿维特利纳葡萄或是西班牙加利西亚的阿尔巴利诺葡萄。

品鉴笔记 可能性多到让人困惑，从夏布利葡萄酒的石头味到不知名的花儿（就用"花香"形容好了），再到成熟勃艮第白葡萄酒的黄油、浓奶油甚至榛子的味道。搭配新橡木的调味，澳大利亚人开创出了层次丰富的热带菠萝风味，广受欢迎。

白诗南

白诗南，一个评价两极分化的葡萄品种。在南非，用它只能酿造出清爽新鲜但总体品质一般的白葡萄酒。然而，在其原产地卢瓦尔河谷某些受到上天眷顾的小角落里，白诗南却能酿出世界上最好的干型和甜型葡萄酒。在位于卢瓦尔河谷中部的三个产区——安茹、索姆和都兰，白诗南堪称世界上最全能的葡萄，可以酿出绝大多数风格的白葡萄酒——静止酒和起泡酒、干型酒和甜型酒——怎么排列组合都可以。在澳大利亚，白诗南则以其极高的酸度为霞多丽和赛美蓉的混酿葡萄酒注入了生命。

品鉴笔记 从哪里开始呢？蜂蜜、橙花和潮湿的稻草是常用的描述词。

琼瑶浆

也被称为"塔明娜"[1]，但为什么没用这个名字呢？很明显是因为人们发不出这么短又这么简单的音。这种葡萄主要在法国阿尔萨斯地区种植，也是在那里，它名字里的德语变音"ü"失去了头上的小点。琼瑶浆会为所酿出的葡萄酒赋予明显的香料香气和层次丰富的味道，且气味之浓郁堪比南美妓院。你要么爱它，要么恨它。

品鉴笔记 荔枝、土耳其软糖、玫瑰水，以及任何跟声名狼藉的巴拉圭房子有关的气味。

麝香葡萄

终于说到让葡萄酒拥有葡萄味的葡萄品种了。麝香葡萄是最古老的葡萄品种，可以追溯到古希腊和古罗马时期。麝香葡萄有很多品种，包括亚历山大麝香葡萄、小粒白麝香葡萄和昂托玫瑰葡萄，其中有的品种果皮是粉色的。麝香葡萄家族的成员都好比十项全能，堪称葡萄界的奥斯蒙兄弟[2]，酿造出了多种多样的葡萄

---

[1] 琼瑶浆或被认为是白葡萄品种塔明娜的粉色芳香型变种而被归为桃红葡萄。但在德国、意大利、奥地利等国家，塔明娜通常被用作琼瑶浆的别名。

[2] 奥斯蒙兄弟（The Osmonds）是美国二十世纪七十年代大红的一支家庭乐队。

酒，从深棕色的澳大利亚麝香利口酒到金色的餐后甜酒——福隆提尼昂麝香葡萄酒和波姆德威尼斯麝香葡萄酒，再到阿斯蒂麝香甜型微起泡酒。专门有"麝香味"一词来描述这种葡萄，法语写作"musqué"，英语则是"musky"。

麝香葡萄家族的成员都好比十项全能，堪称葡萄界的奥斯蒙兄弟，酿造出了多种多样的葡萄酒。

品鉴笔记　即使品种有所不同，麝香葡萄酿的酒通常香气都很浓：茉莉、金银花、橙花、玫瑰花瓣和接骨木花的味道，带一点柑橘香。哦，当然还有——葡萄味！反例如澳大利亚麝香利口酒，有咖啡和太妃糖的味道。

灰皮诺

或许这个葡萄品种最引人注目的方面——也是最具吹嘘潜力之处——就是它拥有的别名数量之多：在法国，它被称为 Pinot Gris 或 Tokay；在意大利，人们叫它 Pinot Grigio；在德国，它则被叫做 Ruländer 或 Grauburgunder。最好的灰皮诺大都来自法国阿尔萨斯、美国俄勒冈州和新西兰。

品鉴笔记　若产自意大利，通常都没有可辨别的味道；若是产自阿尔萨斯的晚收酒，则有麝香和姜之类的香料味。

雷司令

针对这个葡萄品种，第一重要的事情是正确念出它的德语名字：其发音更像"里司令"，而非"雷司令"。第二重要的事情在于，要知道有很多以雷司令为名的葡萄和葡萄酒（比如种植于斯洛伐克的威尔士雷司令葡萄以及用其酿造的柳托梅尔雷司令葡萄酒）其实都不是真正的雷司令。真正的雷司令是最好的德国葡萄，可以酿造出相当尖酸的葡萄酒，酸得你可以用"结实"一词来形容。等到这种高酸度的葡萄酒年老，你还可以对它们用上"有汽油味"一词——来自知名度极低的雷司令葡萄酒变种狄司令，这种葡萄酒可以用来给出租车加油。

品鉴笔记 年轻时是绿苹果和白桃子味，年老时是蜂蜜和汽油味。

长相思

正流行的白葡萄品种，味道相当尖酸，闻起来像碾碎的荨麻。正是这种葡萄酿造了桑塞尔和普宜菲美这两种白葡萄酒，因此普宜菲美在加利福尼亚（加州人民什么都种）又被称为"白富美"。

品鉴笔记 卢瓦尔河谷或新西兰产的长相思——醋栗和荨麻味（新西兰的还多一股公猫的味儿）；美国加利福尼亚或澳大利亚产长相思——热带百香果和菠萝味。

赛美蓉

赛美蓉或许是这个世界上最被低估的白葡萄品种。"贵腐"菌，即灰葡萄孢菌（详见"名词解释"），喜欢感染赛美蓉葡萄，特别是苏玳产区的该种葡萄。澳大利亚人民大规模地种植赛美蓉，而这种葡萄在当地似乎于腐烂之中欣欣向荣。赛美蓉（出了法国之后，名字里的"é"变成了"e"）常被当做一种"补充"酒：人们从多个葡萄园中各采摘一定量但都不太多的葡萄来酿酒，再加入赛美蓉作为补充，最后成品则作为一种混酿葡萄酒出售，比如赛美蓉 - 霞多丽。

品鉴笔记 很难描述，"中性"是比较礼貌的说法——除非染上了贵腐菌，或经新橡木陈年。虽然年轻的时候既新鲜又富含柠檬酸，不过年老时（再加上橡木味）就会呈现出吐司上蜂蜜的那种味道。

特浓情

阿根廷特有的白葡萄品种。人们认为特浓情是耶稣会传教士在阿根廷种植的克里奥恰卡葡萄 ① 和亚历山大麝香葡萄自然杂交的结果。特浓情葡萄在安第斯山脉干旱的高海拔条件下能完美地成熟，酒精含量可高达 14%（ABV）。

品鉴笔记 茉莉和橙花，少许桃子和百香果，再加上一点爽口的柑橘味。

---

① 即弥生葡萄，引入阿根廷后被当地人称为"克里奥恰卡"。

维欧尼

这种白葡萄曾经籍籍无名，仅在罗纳河谷两个面积不大的产区贡德约和格里耶堡有种植，但到现在已经到处可见，从澳大利亚南部到美国加州西部的圣克鲁斯市都能看到它的身影。此外，有部分人群正高呼它是"新的霞多丽"。你可以对这些呼声提出质疑，尤其提一嘴产自法国南部廉价超市的维欧尼葡萄酒（暗示一下其"产量过剩"）。

品鉴笔记 有桃子和油桃甘美多汁的气味，但关键品质是其丰富且油滑的质地（或者说"口感"）。

葡萄混酿

一句话假充行家：单品种葡萄酒既陈腐又无聊。强调一下：传统的波尔多红葡萄酒就是由赤霞珠、梅洛、品丽珠和黑皮诺混酿而成；教皇新堡则用了多达十三种葡萄来酿造，主要是歌海娜、穆尔韦德、神索和西拉。说说下面这些混酿葡萄酒，比如以前西班牙纳瓦拉产区盛产的丹魄-赤霞珠组合、桑娇维赛-赤霞珠组合、西拉-维欧尼组合和瑚珊-维欧尼组合。

把这些印在记忆里，否则你或许会得到一杯仙粉黛-塔明娜[①]（也可以指东欧的一种公共交通工具）。

[①] 仙粉黛和塔明娜的混酿葡萄酒可被称为"Zin-Tram"，而有轨电车（tramway）也可被简称为"tram"。

酿酒葡萄	酒种	类型	混酿搭档	产地
阿尔巴利诺	白葡萄酒	单品种葡萄酒、混酿葡萄酒(如西班牙下海湾葡萄酒、葡萄牙绿酒)	露蕾拉、特雷萨杜拉	西班牙、葡萄牙(在当地被称为阿瓦里诺)
赤霞珠	红葡萄酒、桃红葡萄酒	单品种葡萄酒、波尔多红葡萄酒、其他混酿葡萄酒(如与丹魄混酿的纳瓦拉红葡萄酒、与桑娇维赛混酿的天娜红葡萄酒)	品丽珠、神索、马尔贝克、梅洛、小维多、桑娇维赛、西拉、丹魄	全世界
霞多丽	白葡萄酒、起泡酒	单品种葡萄酒、夏布利和其他勃艮第白葡萄酒(如香槟)	白诗南、鸽笼白、赛美蓉	全世界
白诗南	白葡萄酒、起泡酒	单品种葡萄酒,安茹、都兰和乌弗莱产葡萄酒	霞多丽、赛美蓉	澳大利亚、法国(卢瓦尔河谷)、南非
佳美	红葡萄酒、桃红葡萄酒、起泡酒(少见)	单品种葡萄酒,混酿葡萄酒,博若莱(名庄、村庄、新酒),德昂斯尼山麓、卢瓦尔红葡萄酒	马尔贝克	法国(卢瓦尔河谷)、瑞士、东欧

（续表）

酿酒葡萄	酒种	类型	混酿搭档	产地
琼瑶浆	白葡萄酒、干型酒、甜型酒、加强酒、起泡酒	以单品种葡萄酒为主：阿尔萨斯晚收葡萄酒、阿尔萨斯粒选贵腐葡萄酒（SGN），以及某些混酿葡萄酒	霞多丽、麝香葡萄、雷司令	法国（阿尔萨斯）、意大利、德国、新西兰、美国加州和俄勒冈州、智利
歌海娜（黑）	红葡萄酒、桃红葡萄酒、甜型酒、加强酒	以混酿红葡萄酒为主：教皇新堡、普里奥拉托、里奥哈；桃红葡萄酒：利哈克、塔维尔；餐后甜酒：班组尔斯；加强葡萄酒；自然甜型葡萄酒	赤霞珠、佳丽酿、神索、穆尔韦德、西拉、卡利涅纳[①]、丹魄	法国（朗格多克-鲁西荣、普罗旺斯、南罗纳河谷）、西班牙（纳瓦拉、佩内德斯、里奥哈、普里奥拉托、索蒙塔诺）、澳大利亚
马尔贝克	红葡萄酒	单品种葡萄酒，也有混酿葡萄酒如卡奥尔黑酒	佳美、品丽珠、梅洛、丹娜	主要是阿根廷、法国
梅洛	红葡萄酒	单品种葡萄酒，混酿葡萄酒如波尔多红葡萄酒	赤霞珠	全世界；尤为值得一提的是，它在美国加州广受欢迎

[①] 卡利涅纳，即佳丽酿葡萄。佳丽酿原产于西班牙，是当地的传统葡萄品种，"卡利涅纳"是其在西班牙的名字。

48

（续表）

酿酒葡萄	酒种	类型	混酿搭档	产地
麝香葡萄	白葡萄酒、甜型酒、起泡酒、加强酒	餐后甜酒：澳大利亚麝香利口酒、丽维萨特麝香葡萄酒、波姆德威尼斯麝香葡萄酒；起泡酒：阿斯蒂麝香甜型微起泡酒；法国（阿尔萨斯）干型日常餐酒；自然甜型葡萄酒	琼瑶浆、维欧尼	欧洲、澳大利亚、南非、美国加州
灰皮诺	白葡萄酒、起泡酒	单品种葡萄酒，勃艮第混酿葡萄酒，阿尔萨斯灰皮诺葡萄酒	霞多丽、托卡伊灰皮诺	法国（阿尔萨斯）、美国俄勒冈州、新西兰（最佳），还有意大利、法国、德国、匈牙利、罗马尼亚
黑皮诺	红葡萄酒、白葡萄酒、桃红葡萄酒、起泡酒	单品种葡萄酒，勃艮第红葡萄酒，黑中白香槟	霞多丽、莫尼耶皮诺	法国、新西兰、澳大利亚塔斯马尼亚、美国，以及智利、南非
雷司令	白葡萄酒、起泡酒、甜型酒	以单品种葡萄酒为主；起泡酒：德国塞克特；餐后甜酒：加拿大冰酒、德国冰酒	琼瑶浆、赛美蓉、长相思	澳大利亚、奥地利、智利、法国（阿尔萨斯）、德国、新西兰、美国、南非、加拿大

（续表）

酿酒葡萄	酒种	类型	混酿搭档	产地
桑娇维塞	红葡萄酒	蒙达奇诺布鲁奈罗葡萄酒，基安蒂	赤霞珠、梅洛、白玉霓	意大利(托斯卡纳)、美国加州、阿根廷、智利
长相思	白葡萄酒、起泡酒、甜型酒	单品种葡萄酒；波尔多白葡萄酒，卢埃达白葡萄酒，格拉夫白葡萄酒；桑塞尔，普宜菲美；白富美；都兰白诗南葡萄酒；餐后甜酒：苏玳、蒙巴兹雅克	赛美蓉、霞多丽、雷司令	全世界
赛美蓉	白葡萄酒、甜型酒	单品种葡萄酒；混酿葡萄酒；格拉夫白葡萄酒；餐后甜酒：苏玳、巴萨克	霞多丽、长相思	法国、澳大利亚、智利
西拉	红葡萄酒、桃红葡萄酒、起泡酒	单品种葡萄酒；朗格多克红葡萄酒，北罗纳河谷红葡萄酒	赤霞珠、歌海娜、穆尔韦德	澳大利亚、法国、新西兰、南非、美国、西班牙、智利、瑞士
丹魄	红葡萄酒、加强酒	单品种葡萄酒；混酿葡萄酒：里奥哈、杜埃罗河岸、其他西班牙红葡萄酒；波特酒	歌海娜、格拉西亚诺、马士罗以及赤霞珠	西班牙、阿根廷、美国加州、葡萄牙、法国南部

（续表）

酿酒葡萄	酒种	类型	混酿搭档	产地
特浓情	白葡萄酒	单品种葡萄酒	——	阿根廷
维欧尼	白葡萄酒	单品种葡萄酒；贡德约、格里耶堡；也用于混酿葡萄酒	麝香葡萄，瑚珊，西拉	法国、美国加州
仙粉黛	红葡萄酒、桃红葡萄酒（"脸红"）	单品种葡萄酒，意大利混酿葡萄酒	作为普拉米蒂沃经常与尼格马罗混酿	美国加州，还有意大利（在当地被称为普拉米蒂沃）和澳大利亚

最初是希腊人和腓尼基人，接着是罗马人，经由他们的手，葡萄最终遍及欧洲。然后，西班牙人把葡萄带到了北美洲和南美洲，荷兰人把葡萄带到了南非，英国人则将其引入了新西兰和澳大利亚——当然，以一种文明而又礼貌的方式。

世界各地的葡萄酒

在讨论世界各地的葡萄酒时，表现出一名老练旅行者的高深莫测，展现你内心"德尔蒙来客"[①]的一面，谈论葡萄园的口气就好像你定期一一造访，而且园里的葡萄栽培者们都恨不得拿笔记下你说的每一个字。

毫无疑问，你很清楚葡萄酒的酿造主要集中在环绕着地球的两个纬度带。在北半球，大多数葡萄酒产区都位于北纬32°—51°之间；而在南半球，则位于南纬28°—42°之间。全球变暖有益于主要产区极北和极南的地带，比如英格兰（位于北纬52°）和新西兰的奥塔哥（位于南纬46°），但却危害了位于赤道附近的产区。

---

① 出自美国著名食品公司德尔蒙食品二十世纪八十年代的代表性广告语："德尔蒙来客说了'是！'"（The Man from Del Monte, he says "YES!"）该广告中，一名男子访问各个村庄，收集当地出产的果汁，判定其品质是否好到能被德尔蒙公司收购为产品。

只有在葡萄酒贸易中，独一无二地划分出了旧世界（欧洲）和新世界（各殖民地）的概念。举个例子，你不会听到有人将宝马和克莱斯勒称为旧世界汽车和新世界汽车。不过，你可以说全球各地发现的所有葡萄品种中只有欧亚种葡萄适合酿制葡萄酒。其他的品种，特别是美洲葡萄，会赋予葡萄酒一种不同寻常的"狐狸味"特质——真的不要惊讶，因为美洲葡萄的别名就是"狐狸葡萄"。

最初是希腊人和腓尼基人，接着是罗马人，经由他们的手，葡萄最终遍及欧洲。然后，西班牙人把葡萄带到了北美洲和南美洲，荷兰人把葡萄带到了南非，英国人则将其引入了新西兰和澳大利亚——当然，以一种文明而又礼貌的方式。

神创论者认为是诺亚栽种了第一个葡萄园："他喝了园中的酒便醉了，在帐棚里赤着身子。"[1]（不瞒你说，我们都这么做过……）而非神创论者则相信，葡萄酒诞生于公元前七世纪的希腊。至于法国人，他们想当然地深信是自己使葡萄酒变得完美。

如你所知，只要野生的酵母接触到被挤碎的葡萄，将糖分转化为酒精，就自然而然能酿出葡萄酒。因此，一只猴子都能酿出酒来。实际上，猴子们想要开心一下的时候，它们就会去寻找发酵过的水果。人类（特别是法国人）在其中发挥的作用，从始到终都只是对这一流程进行了优化，以及想办法再优化法国人做出

---

[1] 出自《创世记》第九章第二十一节。此处译文引自 2011 年的《圣经》和合本修订版。

的优化。

　　法国人带给葡萄酒世界的礼物是一个晦涩难懂的概念——**风土**。相较之下，英国人给世界带来了板球，板球的规则可简单多了。说实话，"风土"这个词是典型的法国式费解，高深莫测到英语中没有任何词汇对应——想必这点让法国人十分愉悦。法国人或许把"风土"看做他们不得不将英语"三明治""周末""购物"照搬进法语的回敬。不过出于吹嘘的需要，你可以将**风土**描述为一种作用在葡萄酒上，结合土壤、气候、地形和葡萄品种的综合影响。**风土**可以将区区廉价劣质葡萄酒的级别提升至优良，在法国人的脑子里，它就是支持原产地理念的有力论据。假行家中的高手会声称自己能够分辨出葡萄酒中真正展现其风土的"矿物质"——燧石、滑石粉和石灰石之类的味道。在这个话题上，只要你认为自己不会出岔子，怎么吹都行。

　　不过，怀疑论者——而且人数还不少——不禁会注意到以下三点：第一，**风土**会让葡萄酒变得昂贵；第二，法国人声称他们拥有世界上最好的**风土**；第三，法国的**风土**无法复现在其他地方。对法国人来说，这门**风土**生意似乎达成了双赢局面，然而只有法国葡萄酒不断缩小的市场份额在说明实际情况并非如此。

　　风土概念是法国原产地命名体系的灵魂和核心。该体系以不讲理的极度偏执规定：在任一指定产区内，何种葡萄可以被种在何处，葡萄园必须以何种方式照料，以及葡萄酒应以何种方式酿造。这一套规定最极端的体现在勃艮第，那里几排葡萄藤都有属于自己的产区命名。

绝大多数——但并非全部的——法国酿酒商都在这种枷锁下辛苦营生。讽刺的是，就是这种死板僵化，导致他们在市场中被新世界酿酒商取而代之。正是因为不受那些使人窒息的规定和条款束缚，新世界酿酒商们能够随心所欲地试验，酿出我们能够理解、同时还很想喝下肚的葡萄酒。

虽然抨击法国人很简单，但还是要面对这样一个不可回避的事实，一个即使对法国敌意最大的澳大利亚偏远乡民也得接受的事实，那就是：法国出产所有主流葡萄酒，而且直到今天，其产品仍被视为国际基准。在这样的背景下，新世界酿酒师们为法国献上了终极的讽刺性赞美：他们寻找特殊的地点，并试图找出能在该处种植的最佳葡萄品种（当然了，通常是法国品种）——而这不过是换了皮的**风土化**。在他们这样做的时候，法国人却正在放松有关地区葡萄酒（VDP）和地理标志保护葡萄酒（IGP）分级的一些规定。你可以将上述制度视为轻量版的原产地命名体系。如此一来，法国酿酒商们便能够获得些许灵活性——些许他们的竞争对手早已享受多年的灵活性。

说到这里，你已经可以招呼你可爱的听众们进入美妙的葡萄酒世界了……

旧世界

法国：红葡萄酒(主要产区)

波尔多

面对一瓶波尔多，你起码得说出自己是更偏爱"左岸"还是"右岸"。或许你觉得别人应该完全不会在意你倾向哪边(你这种感觉很有可能是对的)，但选一边站队会为你赢得认可。

当然，我们谈论的左右是吉伦特河的左右河岸。波尔多产区被吉伦特河一分为二，若在酒标上看到"Médoc"(梅多克)或"Graves"(格拉夫)字样，那么这是一瓶左岸波尔多葡萄酒，主要由生长在排水性良好的砾石土壤上、果肉紧致厚实的赤霞珠葡萄酿造；若酒标上写着"St-Émilion"(圣艾美隆)，那么这是一瓶右岸波尔多葡萄酒，主要原料是种植在石灰质黏土上、平易近人的梅洛葡萄。葡萄酒爱好者喜欢"石灰质"这样的词语，因此，你没得选，只能把它记住。

看你是希望自己像赤霞珠那样强壮而沉默，还是像梅洛那样甜腻且亲昵，根据你想给人留下哪种印象来决定你对左右岸的偏好。此外，有一点需要指出，格拉夫的酿酒师们也用长相思和赛美蓉酿制白葡萄酒。因此，在宣布你站左岸还是站右岸之前，一定要确认你所面对的葡萄酒是红色的，要不然，你就要闹笑话了。

老练的波尔多达人也应该对 1855 波尔多列级酒庄发表见解。这张酒庄列表包括多家梅多克的顶级酒庄和一家格拉夫的顶级酒庄，分级基于品质认知度的高低，最低为五级酒庄，最高则为一级酒庄。面对专心致志的听众，你可以先逐个列出所有一级酒庄：拉菲酒庄、拉图酒庄、玛歌酒庄、罗斯柴尔德男爵木桐堡和红颜容酒庄(位于格拉夫的就是这家)；然后进行说明，以上酒庄出产的葡萄酒是官方认证的全世界最高档次；最后，再这样补充：波尔多右岸的欧颂酒庄、白马酒庄和帕图斯酒庄，还有位于苏玳产区、出产甜白葡萄酒的滴金酒庄，这几家酒庄被认为与一级酒庄档次相同，虽然未获官方认定。

你会在酒标上看到"Vineyard""Estate""Château"的字样，听起来或许有点粗暴，不过简单地都理解为"酒庄"就好。虽然 1855 列级没有什么不好，但你可以主张它是个荒谬的过时玩意。看看吧，最初这张名单是基于 1855 年葡萄酒的平均价格设立的，然而到今天竟还是一成不变。你可以对这种不公翻个白眼，接着指出某些中级酒庄比很多顶级的酒庄好了不知多少，比如忘忧堡酒庄、宝捷酒庄和碧波行古堡酒庄；还可以从波尔多众多卫星产区（如博格丘、布莱或卡斯蒂隆波尔多丘）中，挑选一个没什么人知道的酒庄，称其与很多鼎鼎大名的酒庄一样好（即使用了"很多"一词，也不会让你真觉得名庄不好）。它也许不是一家有名的酒庄，不过肯定是你买得起的一家。

滴金酒庄的甜型苏玳葡萄酒最有名，同时价格也最贵。因此，你可以选择优质巴萨克作为替代，其价格低廉不少，但常常更加甘甜，让人惊喜。

永远别对任何标有"Bordeaux supérieur"（超级波尔多）字样的葡萄酒抱有敬畏之心，因为它唯一的"超级"之处，就是比标准级波尔多的酒精度数稍高一些。此外，要坚持用"claret"指代波尔多淡红葡萄酒。当有人质疑你在摆旧学院派的架子时，务必指出十二世纪时整片波尔多地区都在英国的统治之下，"claret"是法语"clairet"的英语化写法，意为"淡红葡萄酒"，用于和西班牙、葡萄牙的红葡萄酒进行区分。

说起波尔多，还有一个老生常谈的话题供你开启话匣子：波尔多已经跟葡萄酒没多少关系了，反而更多是跟投资、保险和金融有关。如今，很多顶级酒庄的所有者变成了一些保险或金融公司，出产的葡萄酒只有其背后公司的管理层（及中国企业家）在内的极少数人才喝得起。新贵们乐意支付高到荒谬的价格，而有评级的酒庄对此只会笑开花，逐步将传统客户挤出市场。最后，再对以下现实表达一下恨铁不成钢的痛惜之情：某些酒庄似乎也乐于降低其葡萄酒的标准，放弃骨气和优雅，从成熟的果香型出走，投向"调味料"的怀抱。

勃艮第

严格遵守《拿破仑法典》中的继承法，葡萄园由每一代子女平分，导致今天勃艮第葡萄园的地图仿佛一条纹样繁复的拼布被单，其中许多"葡萄园"拥有的葡萄藤数目一只手就能数完。在当地，这些小小的地块被称为**风土地**，每一块都在其管理者的大力保护之下，力度之大好比高卢人阿斯特保护他的魔法药水[①]一般。

勃艮第——或者直接使用其法语名"Bourgogne"，如果你想展现自己的地道程度的话。它对外界人来说复杂透顶，若想要吹得成功，必须对其基础有所了解。勃艮第产区的心脏是金丘，由两部分组成，其一是北部的夜丘，出产黑皮诺酿制的红葡萄酒；其二是南部的博恩丘，出产黑皮诺酿制的红葡萄酒和霞多丽酿制的白葡萄酒。夜丘的特级园包括哲维瑞－香贝丹、墨黑－圣丹尼、香波－蜜思妮、武乔和罗曼妮红，全部出产黑皮诺葡萄酒；博恩丘的特级园则包括布里尼－蒙哈榭和莎萨涅－蒙塔什，出产世界上最好的霞多丽葡萄酒。够清楚了吧？像在庆典上抛洒五彩纸屑一样抛出这些名字吧，让你的听众驻足翘首。

此处应制造一些悬念，大声提问："金丘"（Côte d'Or）到底是指字面意义的"金色山丘"，还是它其实是"朝东的山丘"（Côte d'Orient）的简写？现实中，这片陡坡的确面向东方，迎接清晨

---

① 典出《高卢英雄历险记》，为法国国宝级漫画。

的日出。

　　勃艮第最著名的酒庄是罗曼尼－康帝酒庄，它拥有勃艮第最好的葡萄园——罗曼尼－康帝和达什。不过，真正的敬畏和惊奇应该留给它高到突破平流层的定价。

　　波尔多出产的红葡萄酒都是赤霞珠和梅洛的混酿，其白葡萄酒则是赛美蓉和长相思的混酿。跟波尔多不同，勃艮第的红葡萄酒几乎只用黑皮诺，白葡萄酒几乎只用霞多丽。这样的葡萄酒被称为单一品种葡萄酒，若你想花哨一点，直接使用其法语术语"mono-cépage"。接下来，聊聊黑皮诺：首先，黑皮诺以性情敏感多变闻名，这也是赋予勃艮第红葡萄酒广泛多样性的因素之一；其次，法国之外，极少有地区种植的黑皮诺能达到勃艮第的质量水准，美国俄勒冈州和新西兰是其中之二。

　　勃艮第的"另一种"白葡萄是相当酸涩的阿利高特，成酒在与黑醋栗利口酒一起调配时口味最佳，这种喝法在当地非常流行。调配所得的饮料被称为柯尔酒，得名于神父菲力克斯·柯尔，他是第戎的市长和法国抵抗运动[①]的英雄。

　　谈论勃艮第，假行家有两种态度可选。第一种是轻蔑一笑式："勃艮第人还活在中世纪。气候恶劣，酿酒技术经常出错，继承制就是个笑话，酒的价格堪称不要脸。很少人会被忽悠到，大多数勃艮第葡萄酒卖都卖不出去。"第二种则是宽容慈爱式：

---

① 法国抵抗运动是第二次世界大战期间为抵抗纳粹德国对法国的占领和卖国的维希政权的统治而组织起来的抵抗运动。

"对，勃艮第的规矩复杂到你难以置信，他们葡萄酒的定价常常过高，不过很值。当你终于将手放在那稀有而完美的瓶身上时，那种愉悦无可比拟。"

两种态度任君选择。不过，若你选择了第二种，那就需要储备一些名字。一谈勃艮第，务必强调葡萄种植者才是至关重要的。首先，稍微鄙视一下大型酒商（葡萄或葡萄酒批发商）——除了亚铎、约瑟夫杜鲁安和路易斯拉图以外；接着，列举一下时髦的小型酒商，比如奥利维尔乐弗莱（隶属于经营同名酒庄的乐弗莱家族，其酒庄赫赫有名但命途坎坷）和维尔戈。记得插一嘴这个小故事：1964年，披头士乐队的四位成员在一支四分之一夸脱瓶[①]的博恩丘葡萄酒上签了名，然后这支葡萄酒卖出了一万英镑。

最后，用一句爆炸性发言结束对话。引用英国葡萄酒大师、备受尊敬的勃艮第专家安东尼·汉森的名句："极品勃艮第闻起来一股粪味。"等你的听众擦干净喷在领带上的红酒，再解释说汉森大师这句话意在褒奖，是单纯地在描述极品陈年黑皮诺葡萄酒特有的野松露和牲口棚气味。

博若莱和马贡 [②]

勃艮第的南向延伸，它们出产几种迷人的红葡萄酒和白葡萄

---

① 夸脱瓶标准容量为750毫升，约4/5夸脱。常见有半夸脱瓶（375毫升）、二夸脱瓶（1.5升）、双倍二夸脱瓶（3升）等。文中四分之一夸脱瓶容量即187.5毫升。

② 马贡其实是其主产区勃艮第最南侧的次产区，再向南则为主产区博若莱。

酒。遗憾的是，提起博若莱，大部分人仍然会把它跟被称为博若莱新酒的超酸紫色饮品联系起来。回望二十世纪七十年代，那时的人们第一次把虾放在牛油果里烹饪，还把基安蒂酒瓶当做蜡烛座，博若莱新酒掀起了一阵风潮，每次于十一月第三个星期四到来的新葡萄酒都会实打实地引起一阵骚乱。这阵风潮延续了下去，对该地区的现金流造成了不可思议的有趣影响，于是，出售从采摘到装瓶都没有三个月时间的当年新酒成了一门热门生意。不过如你所见，这股风潮已经完全被时代抛弃了，如今售出的博若莱葡萄酒中只有不到三成是新酒。

如果你非要喝博若莱，那就把它冷藏，并在短时间内喝掉；不要存上好几年，留作陈年葡萄酒，它可能会变得淡薄如水而无法饮用。注意，博若莱葡萄酒的主要酿酒葡萄是佳美，这种葡萄的单宁含量不高，因此无法长期储存。单宁是具有收敛性并给人带来干涩口感的化学物质，协助构建葡萄酒的结构和酒体。因此，喝一杯"寡淡的"葡萄酒，那愉快的感觉等同于嚼一个泡过的茶包。

在此要好好赞美一下鲜为人知的村庄级博若莱，即十个博若莱名庄，它们从未停止过快速量产博若莱新酒的步伐。其中，希露柏勒和花坊子产区出产的博若莱最轻盈、最柔和、花香味最浓，也是人们通常认知中最典型的博若莱；布鲁伊、布鲁伊山坡、于莲娜、蕾妮耶和圣爱出产的博若莱，其酒体更为饱满；谢纳、墨贡和（得名于一个老风车磨坊的）风磨出产的博若莱则最有层次，最为辛辣，陈年能力最强（最久可以陈年十年）。

对于手头没个几百万的人来说，最易入手的勃艮第白葡萄酒就是马贡白葡萄酒，其中最有名的当属布衣－飞仙。在马贡的村庄中，有两个名字古怪得让人过耳难忘，分别是马贡－普利斯和马贡－吕尼（吕尼音同"loony"，这个词有"傻子"的意思）。

罗纳河谷

远离巴黎，也不靠近北海或大西洋港口，罗纳河谷自古罗马时代开始就为世人忽略。这种情况一直持续到 1970 年左右，导致该地出产的红葡萄酒常比大多数波尔多和勃艮第要好得多，却长期被低估，直到一位名叫罗伯特·派克（详见"名词解释"）的人到来，世界才得以知晓真相。提起罗纳河谷，你要记住两件事：

第一，在产葡萄酒上，罗纳河谷被划分为北罗纳河谷和南罗纳河谷。北罗纳河谷价格昂贵，产量稀少，子产区面积小，出产的红葡萄酒完全由生长在陡峭山坡上强韧的西拉葡萄酿成。与北罗纳河谷相比，南罗纳河谷价格更低，产量更高，子产区面积更大（比如教皇新堡产区），其地势也更为平坦，出产的红葡萄酒是一种混酿酒，以歌海娜葡萄为主，配以神索、穆尔韦德、白佳丽酿和西拉。可以在此处指出，南罗纳河谷仅教皇新堡一个子产区的产量，就已经高于北罗纳河谷整个区域的产量总和，某种程度上能够解释北罗纳河谷葡萄酒的价格为何高得让人眼睛发酸。

第二，通常来说，罗纳河谷出产的红葡萄酒远好于白葡萄酒，不过以下产区的维欧尼白葡萄酒是例外中的例外：北罗纳河谷的传统子产区贡德约和格里耶堡，南罗纳河谷特立独行的圣安妮酒庄和裴拉基酒庄。

最基础的罗纳葡萄酒会被标上"**罗纳河谷**"，出产区域范围涵盖南罗纳的一大片村镇，属于要求不高的葡萄酒，最好趁着酒的果味还相当浓郁，在五年内饮用完毕。"**罗纳河谷村庄**"则只授予部分村镇，这些地方出产的葡萄酒更加强劲而浓郁，是一分价钱一分货的代表。此外，在标有"**罗纳河谷村庄**"的葡萄酒中，只有品质最好的才被允许写上村庄之名，如"Côtes du Rhône-Villages Valréas"（罗纳河谷村庄瓦莱雷阿），即表示该酒具体产自瓦莱雷阿。值得你关注的最佳村庄产区包括：卡莱纳、罗丹、萨布雷和塞居雷。和最基础的"罗纳河谷"相比，上述产区的葡萄酒能够优雅地陈年，法国人称之"储藏型葡萄酒"，英语则称其为"keepers"，即"可以放的葡萄酒"。说的时候千万别忘了这一段，好巩固你吹嘘的可信度。

记住，罗蒂丘（直译的话，意为"烤山丘"）和艾米塔基出产的葡萄酒大概是整个北罗纳河谷最佳，其特点是酒体饱满，丰富浓郁；而提起艾米塔基就必提大名鼎鼎的嘉伯乐酒庄。再说说子产区圣约瑟夫和科罗佐-艾米塔基——后者出产的葡萄酒相当于低度数加低价版的艾米塔基。在一众北罗纳河谷红葡萄酒中，它俩到底算是抬不起头的穷亲戚，还是大众唯二勉强买得起的，怎么说视你自己的观点而定。

说到罗蒂丘，那就要说说吉佳乐世家酒庄在那里的慕林园、朗东园和杜克园，均出产单一园①葡萄酒。你可以发表长篇大论，声讨一下吉佳乐的这三款单一园葡萄酒那高到离谱的价格。而且，你不用怕会有人抬杠，没几个人买得起前面说的那三款葡萄酒，想说什么就说什么。

教皇新堡是大多数人都知道的名字。因此基础信息可以一带而过：教皇新堡葡萄酒是一款混酿酒，用了多达十三种葡萄，不过还是以歌海娜和西拉为主。接下来，可以花大篇幅说说教皇新堡的怪人，比如亨利·博诺，他在一间好比中世纪猪圈的酒窖里酿出了美妙绝伦的葡萄酒。最后，着重提一下稀少的教皇新堡白葡萄酒，这款酒相当厚重，但非常值得花时间搜寻并入手。

波姆德威尼斯是南罗纳河谷葡萄酒中的另一颗明星，不过此处不提它知名度更高的甜白型麝香葡萄酒，而要夸赞其鲜为人知的干红葡萄酒。最后，罗纳河谷也出产塔维尔。塔维尔桃红，真男人的选择。

法国南部

传统上，朗格多克-鲁西荣位处等级森严的法国葡萄酒底层。在教养良好的法国人（显然都不是当地人）眼里，这里出产"那种便宜酒"，也就配得上像豆焖肉和炖鱼汤这样的贫农食物，是丝毫登不上大雅之堂的。当然，要是有人问起你的看法，你会说南

---

① 单一（葡萄）园（Single Vineyard）指酿造某款葡萄酒的葡萄全部来自同一个特定葡萄园。

部是整个法国最具活力、最让人兴奋的葡萄酒产区，不受充满狭隘官僚气息的原产地命名制度束缚。在这块高低不平的土地上，一头乱发的酿酒师们依靠自己长满老茧的双手，做起事来随心所欲。这片土地好比是法国自己的"新世界"。事实也的确如此，该地区对酿酒的此种进步态度，是在源自澳大利亚的遥远外部影响帮助下建立起来的。

法国葡萄酒行业对南部一分尊重都不给，而南部则用"多看一眼算我输"的态度对待严苛到离谱的原产地命名制度，争回了大部分底气。现实情况是，整个南部到处都有新产区涌现，但其中一些最优秀的产商仍然更喜欢把自己的葡萄酒标为"低档的"**地区葡萄酒**，或是最近才出现的**地理标志保护葡萄酒**，以此拥抱尽情试验的自由。不过，也有些子产区——此处可以适时插入一句法语感叹"见鬼！"（Sacré bleu）——被"奖励"评为了特级葡萄园，比如贝尔鲁和罗克布吕纳，它们位于圣舍南产区，出产辛香十足的红葡萄酒。

若某天参加一场上流社会聚会，手中是一杯辛香十足的菲图红葡萄酒，那可以这样做：

首先，对着酒杯深吸一口气，然后感叹："啊，南方（法国南部地区的俗称）""闻到了那里特有的石灰质荒地上野生草本植物的芳香——迷迭香和百里香——还有山羊的野性气味？"（好吧，可能山羊的那部分已经说过了……）

南部出产的很多葡萄酒都是混酿，当地主要的红葡萄品种包括歌海娜、白佳丽酿、穆尔韦德和神索；白葡萄品种则包括白歌海娜、马卡贝澳、瑚珊、玛珊、候尔[①]、克莱雷特、布布兰克。西拉和赤霞珠正悄然进入混酿红葡萄酒的行列。你应该知道的红葡萄酒产区包括：位于朗格多克的圣舍南、菲图、科比埃尔、密涅瓦、佛耶尔和拉克拉普以及位于普罗旺斯的邦多尔。请注意：邦多尔出产的桃红葡萄酒爷们儿气十足，谁都会喜欢。

最佳的白葡萄酒产区包括圣舍南、朗格多克克莱蕾和拉克拉普，尤其是其特级葡萄园皮克圣鲁普，不过别把它跟皮纳匹格普勒搞混了。然后，看似随意地指出：皮纳匹格普勒是基于单一葡萄品种的产区，这在整个法国都少见，当地的葡萄品种是带有柠檬气息的白匹格普勒。

有时你会在酒标上看到"Vieilles Vignes"（老葡萄树）字样，它指的是酿造这瓶酒的葡萄来自弯弯曲曲的"老葡萄藤"。老藤备受尊崇，它们产量很低，因此果实的"浓度"更高。在侃葡萄酒上，人们总是喜欢用这种有的没的来吸引注意。

法国：白葡萄酒（主要产区）

夏布利

夏布利是位于勃艮第最北端的产区，跟金丘中间隔着莫尔旺丘陵。实际上，比起勃艮第，夏布利跟香槟区南部的产区距离更近。一直到二十世纪初期，夏布利出产的葡萄酒仍时不时用于制

---

① 法国有关部门认为候尔葡萄与科西嘉岛、撒丁岛的维蒙蒂诺葡萄属同一种品种，但意大利的相关部门却并不认同这一观点。故在译介时予以区分。

作香槟酒。由于是放置在混凝土或不锈钢容器中进行陈酿，传统夏布利葡萄酒可能是霞多丽葡萄酒中最为寡淡尖锐、酸度也最高的一种，而放置在新橡木中进行陈酿的霞多丽则饱满醇厚，带有黄油风味。同样都是霞多丽，二者可谓天差地别。不过，一些产商已经开始偏向使用橡木来使夏布利陈年，以期柔和其入口后锋利的边角感。

用略带感伤的目光深情望向手中酒杯，然后表达自己纯粹主义者的立场。评论例句："我真的希望他们不要再用橡木糟蹋夏布利了，都把它独一无二的燧石味给覆盖掉了。""燧石味"，便是法国人口中的"goût de pierre â fusil"。你我都知道，如何描述传统夏布利的矿物质特性？说"燧石味"就对了。

如果你足够走运，正巧撞上面前有人评论说夏布利跟牡蛎天生绝配，那务必要说："这真没什么可惊讶的，毕竟那儿的葡萄藤扎根在启莫里土①和石灰岩上，下面层层叠叠的全是牡蛎壳化石——我相信最早可追溯到晚侏罗世②。"这，就是奥林匹克级别的假装行家。

卢瓦尔河谷

卢瓦尔河谷葡萄酒的故事是一部长而曲折的河岸传说，对此

---

① 最初在英国启莫里（Kimmeridge）辨识出的一种灰色的石灰岩土。含有钙质的启莫里土是卢瓦尔河谷、香槟、勃艮第地区的主要土壤类型。
② 侏罗纪的第三个世，也称上侏罗统地层，其地质年代在163.5—145百万年前。

有所了解于你吹嘘十分有助。上卢瓦尔为大陆性气候，为桑塞尔和普宜菲美的长相思注入了馥郁香气和醋栗味，也是傲视全球的新西兰产长相思葡萄酒的模板。"普宜菲美"这个名字中的"菲美"，意思是"烟熏过的"，形象地描述出普宜菲美葡萄酒带有的古怪燧石味（见前文所述的"夏布利"部分），只不过普宜菲美的燧石味来自燧石质土壤。千万别把普宜菲美和布衣-飞仙搞混了，如你所知，后者产自勃艮第的马贡，使用霞多丽葡萄酿造。

说起卢瓦尔河谷的次产区，首先要讲讲南特，卢瓦尔河从这里汇入大西洋，海洋性气候为此地带来了著名的"鱼酒"——蜜思卡岱，使用相对中性的勃艮第香瓜葡萄酿造。有关葡萄酒的众多秘密中，保守得最好的一个就是蜜思卡岱根本没有什么值得一提的味道（因此在盲品时想把它鉴别出来极其困难）。这就是为何比较有辨识度的几款都是和酒泥一起陈酿，这种做法被称为"酒泥陈年"，意思是不将酒泥（死掉的酵母细胞和葡萄的皮、梗或籽形成的沉渣）从酒中分离出来，一起放一个冬季，力求增添一点酒体和风味。这种方法还会赋予葡萄酒少量汽——你会记住的——法国人将之描述为**半起泡**（微微起泡）。此外，你也要搞清楚，半起泡介于**带汽**（只有一点点起泡）和**高泡**（高度起泡）之间。对一个老练的假行家来说，光知道"气泡"可是不够的，而且——怎么强调也不嫌多——要避免使用这个词。说回南特，若你珍惜自己的牙釉质，那就别去尝试酸度超高的大普朗南特葡萄酒。

谈到卢瓦尔河谷中部的葡萄酒时，都能侃些什么？或者换个说法，更重要的是，你能侃些什么？这么说如何："得益于当地葡萄品种的丰富多样，能生产如此多种葡萄酒的地区在法国独此一处。"卢瓦尔河谷中部高原的葡萄品种包括品丽珠、赤霞珠、佳美、霞多丽、马尔贝克、黑皮诺和灰皮诺，还有卢瓦尔劳模——白诗南。

尽管白诗南葡萄以酿出的酒没特色而闻名于世，但在卢瓦尔中部（安茹、索姆和都兰），这种葡萄却熠熠生辉。虽然没有变色龙那么百变，白诗南可以酿出所有风格的白葡萄酒——静止酒和起泡酒、干型酒和甜型酒，怎么排列组合都可以。不过，你要知道，最佳的白诗南葡萄酒还是产自安茹的萨维尼耶干白、产自都兰的乌弗莱半干白以及产自安茹子产区莱庸山麓的波奈若甜白和卡尔索姆甜白。

卢瓦尔河谷以出产白葡萄酒为主，因此掉书袋的空间在该地的红葡萄酒上。卢瓦尔河谷所处的纬度几乎是红葡萄酒酿造的最北极限了（疯狗和英国人 [1] 好好听着），整个主产区出产轻盈优雅的红葡萄酒，其中最好的是希浓和布尔盖伊，都使用品丽珠葡萄酿造而成，而后者在不侵犯专利的情况下，与利宾纳的相似程度高到仿佛照镜子。如你所知，这两种葡萄酒在侍酒时都最好稍稍冷藏过。

年份通常应为最近或之前。不过对甜型葡萄酒来说，年份越

---

[1] 典出英国音乐家诺埃尔·科沃德于 1933 年发行的歌曲《疯狗和英国人》（*Mad Dogs and Englishmen*），其著名歌词唱道："只有疯狗和英国人才会在大中午的太阳下行走。"（Mad dogs and Englishmen go out in the midday sun.）

老越好。谈论年份时，记得提一下卢瓦尔葡萄酒不同年份之间的差异较大，这都要归功于该地属于在葡萄酒酿造上定义的边缘性气候。

阿尔萨斯

你会发现，英语国家的人一定会使用"来自阿尔萨斯"（from Alsace）来描述该地出产的葡萄酒。伟大的葡萄酒作家安德烈·西蒙曾经发表过这样的评论："阿尔萨斯的全（犬）是狗。"[①]

历史上阿尔萨斯在法国和德国之间来回摇摆，难怪该地到现在都没决定自己到底是属于德国还是法国，因此它也就打算两边多多少少都靠点。但不幸的是，在葡萄酒方面，阿尔萨斯选择了德国的酸度和法国的价格。此处务必指出，该产区采用的是德式高挑而优雅的短笛瓶，而法国的其他地方都用的是波尔多酒瓶或是勃艮第酒瓶。

阿尔萨斯的主要葡萄品种包括琼瑶浆（还记得吗？"ü"上那两点就是在这个地方失去的）、雷司令、灰皮诺和白皮诺。"Gewürz"在德语中意为"香料"，因而当你打开一瓶琼瑶浆葡萄酒，扑面而来的香气之浓堪比走进了一间香水工厂。该地最大也最有名的品牌名为"雨果"。

---

① 原文作"Alsatian is ze dog"。其中"Alsatian"一词有"阿尔萨斯人""阿尔萨斯的"或"阿尔萨斯语"意，同时也特指阿尔萨斯狼狗，该犬种于1977年正式得名德国牧羊犬。因此，要想表达"阿尔萨斯的"的意思时，为了不产生歧义，英语中会避免使用"Alsatian"。

除了仿佛装了一香料匣庸脂俗粉的琼瑶浆葡萄酒之外，阿尔萨斯还出产麝香味浓郁的灰皮诺葡萄酒（在这里被称为托卡伊－灰皮诺，它跟匈牙利的托卡伊甜酒没有任何关系）；还有葡萄味满溢的麝香葡萄酒，你满心以为它会是种甜酒，然而它却是极干型葡萄酒。在当地的传说中，灰皮诺这种葡萄最初来自匈牙利，实际并非如此。这个产区另一个值得你大说特说的矛盾之处是阿尔萨斯黑皮诺，它是这个盛产白葡萄酒的地界里唯一出产的红葡萄酒。

阿尔萨斯的葡萄酒曾以简洁清晰为标志，是全法国唯一一个要求在酒标上标明葡萄品种的产区。后来，他们引入了邪恶的特等园体系，与葡萄品种标明并行。如今，所有人都已彻底摸不着头绪，但至少葡萄种植者能把价格定得更高。实际上，一切都更像是勃艮第了。

欧洲其他主要竞争者

意大利

想想意大利人对咖啡做过的事情——在我们厌倦一成不变的拿铁、浓缩和卡布奇诺之前，就开发出了蕊丝翠朵、玛奇朵和阿芙佳朵——由此不难想象他们会对葡萄酒做什么。意大利葡萄酒体系的复杂和无序程度让即使是意大利葡萄酒的真专家在场都没法吹嘘、卖弄。仿佛一场大狂欢派对，参与者包括近一千个葡萄品种和上百个出了意大利就没人听说过的新产区。张开你的双臂，拥抱意大利这个假行家的天堂吧。

意大利的葡萄酒产量高于其他任何国家，但平庸的葡萄酒也比其他国家多得多。是有很好喝的意大利葡萄酒，但就跟品质较好的瑞士和奥地利葡萄酒差不多，很少会出口到其他国家——很好理解，意大利人更喜欢自己喝掉。你应该记住，人们对意大利抱有幻想，因此放任自己相信，仅仅因为这个国家风景如画，这里出产的葡萄酒肯定也很棒——意大利餐馆就充分地利用了这一点。

说回派对那些事儿，你要飞身而上的第一辆花车上面写着"Super Tuscan"（超级托斯卡纳）。超级托斯卡纳不是指开着玛莎拉蒂飞驰在田园间的天仙美人，而是由开着玛莎拉蒂飞驰在田园间的天仙美人酿出的葡萄酒。在这帮酿酒师中，有些人甚至会把内裤套在外裤上。假行家要仿佛揉面团般泰然自若地抛出以下名字：奥纳亚、西施佳雅、索拉雅和天娜——都是超级托斯卡纳葡萄酒的开创者，也是名气最大的。

意大利葡萄酒于二十世纪六十年代末发起了这场"超级托斯卡纳"运动，意在反抗意大利苛刻且常常毫无道理的**法定产区葡萄酒（DOC）**分级体系法规。跟法国的**原产地命名**体系类似，这套法规规定每个产区都有法定的葡萄品种、种植方式和酿造方式。一款葡萄酒要想取得 DOC 认证，必须遵守相关规定。超级托斯卡纳的酿酒师们决定：如果获得 DOC 认证意味着要向这套规则低头的话，那他们宁愿彻底放弃认证，直接采用赤霞珠和梅洛此类国外葡萄品种。这就是为何意大利品质最好、价格也最贵的葡萄酒中，一些酒标上却会写着代表低档葡萄酒的"Vino da Tavola"（日常餐酒）字样，这就像是法国同行在酒标上**标地区葡萄酒（VDP）**一样，酿酒师们能从中获得更多灵活性，从而实现更多创新。最近，意大利引入了同等灵活的地区葡萄酒分级制度，或简写为 IGT 分级，将有些顶级产商不得不将自家葡萄酒标成"日常餐酒"这样践踏尊严的窘况中拯救了出来。此外，你还可以指出，"超级托斯卡纳"运动正遍地开花（四处蔓延？），结果却诞生了一些不太超级的托斯卡纳。

我们都知道，基安蒂葡萄酒的传统酒瓶外部包有稻草，被称为"fiasco"，可以当蜡烛底座。不过你知道吗？基安蒂的主要酿酒葡萄是桑娇维赛，它是意大利种植最广泛的葡萄品种。基安蒂葡萄酒允许含有 20％ 的其他葡萄，而现代派充分利用了这一点，加入了赤霞珠和梅洛葡萄。纯粹主义派则坚持以桑娇维赛葡萄为主，仅辅以少许本地葡萄品种卡内奥罗。你可以表示更喜欢卡内奥罗的风格，因为比起扑鼻的果香和黑醋栗风味，你尤其钟情于传统意大利红葡萄酒的轻微辛辣和日晒番茄干风味。

你清楚地知道：皮埃蒙特主产区正是用内比奥罗葡萄酿造的巴罗洛葡萄酒的老家。巴罗洛葡萄酒强劲，而巴贝拉葡萄酒更加轻盈，同时得益于两者相当高的酸度，可作为出色的佐餐酒，完美搭配比萨、意面等食物。

另外还能彰显假行家本领的是意大利南部的几个产区，尤其是普利亚、撒丁岛和西西里岛。再次类比一下法国，意大利南部传统上出产烈性的红葡萄酒和简单的白葡萄酒，但经过大笔投资购置新设备、降低葡萄产量和引入外来葡萄品种之后，意大利南部已经转变为意大利最有活力的前沿区域。

重点留意下法兰吉娜、格里洛、维蒙蒂诺和尹卓莉亚葡萄酿造而成的新潮白葡萄酒，黑珍珠、尼格马罗（直译意为"黑色苦味"）和普拉米蒂沃葡萄酿造而成的扎实红葡萄酒。在南部扎下根来的外来葡萄品种包括西拉／西拉子、赤霞珠、霞多丽和维欧尼。所有的西西里葡萄酒都完美无瑕、华丽无双——这一发现跟最近造访了本丛书编辑部的迷人绅士及其商业伙伴绝无关联。

此处可一转话锋插入一件鲜为人知之事：鲍勃·迪伦加入了名人葡萄种植者的行列，在马尔凯产区购置了一处葡萄园，出产名叫"行星波动"（与他 1974 年发行的专辑同名）的葡萄酒，此酒被描述为"介于蒙帕塞诺之严酷与梅洛之柔和中间的玄妙迪伦式邂逅"。在"甜蜜的生活"[①]如此魅力的感召之下，"纯红"乐队的米克·哈克纳尔也跟随迪伦的脚步，跑去埃特纳火山产区，酿造了一款名叫——不，不叫"纯红"——"歌手"的葡萄酒。同时，斯汀在佛罗伦萨附近拥有一个酒庄，出产两款名为"哲思之举"和"月亮姐妹"的葡萄酒。当然都是有机和生物动力学葡萄酒，不过也有可能是密宗的。

---

① 典出意大利名导演费德里科·费里尼执导的经典作品《甜蜜的生活》(La Dolce Vita)。电影在 1960 年上映后掀起意大利文化的浪潮，片名逐渐成为意大利式生活方式的代名词。如今也指一种奢华而享乐的生活方式。

西班牙

在葡萄酒圈里，如今必提"新西班牙"，普通的旧"西班牙"已经不够了。实际上，"新"这个前缀现在已然与西班牙难舍难分，好比"新"西兰、"新"约克（纽约）和"新"罗姆尼。你得知道为什么。

简而言之，此前里奥哈红葡萄酒长期在西班牙葡萄酒舞台上独领风骚，直到令人兴奋的新**法定优质产区（DO）**雨后春笋般冒出，实打实地改变了一切。如今，西班牙葡萄酒地图持续重绘，不断收录新增的认证产区；而通过使本地葡萄品种突然变得人尽皆知，敢闯敢干的当地酿酒师们维护着自己地区的遗产。更重要的是，他们酿造葡萄酒的方法也有所改变。

这样说似乎宽泛了些，不过他们正在挑战西班牙本以大男子主义为中心的传统——在发霉的老橡木桶中陈年，时间更长，出产的葡萄酒总是疲弱而且已被氧化，单宁高而酒香稀薄。这些酿酒师们将此全部推翻：装配干净的不锈钢容器，以确保换桶和装瓶过程的快速周转，如此出产的葡萄酒风格现代而优雅，果味和风土不会被埋藏在层层老木头之下。他们采用了一种字面意义上的"新鲜"方法。

如今西班牙已成为进行葡萄栽培实验的热土，你可以将其称为旧世界里的新世界领衔（与之相对的是南非，堪称新世界里的旧世界）。值得一提的大热产区——也是当地出产的葡萄酒的名字——包括：加泰罗尼亚的普里奥拉托产区，出产普里奥拉托红葡萄酒，是歌海娜、佳丽酿跟赤霞珠的混酿；比利牛斯山脉山麓小丘上的索蒙塔诺产区，这里的葡萄酒用红葡萄品种黑帕拉丽塔、莫利斯特尔搭配白葡萄品种霞多丽、琼瑶浆酿造而成；位于巴利亚多利德西边的托罗产区，出产的红葡萄酒用歌海娜和红托罗（丹魄葡萄的一个地方品种）酿成，厚重刚劲，单宁紧实；还有卡斯蒂利亚－莱昂的比埃尔索产区，当地人用本地红葡萄品种门西亚创造了奇迹。

提一嘴大西洋沿岸、地处西班牙西北部的加利西亚，它被称为杰出西班牙白葡萄酒的中心。这个常年风吹雨打的非典型绿洲是西班牙给康沃尔或布列塔尼的回应，加利西亚人对肉馅卷饼和苏格兰风笛的偏爱正是该地深受凯尔特文化影响的证明。此处可以赞美下海湾地区出产的阿尔巴利诺葡萄酒那桃味明显的四溢芬芳，注意"下海湾"（Rias Baixas）的英文发音为"瑞阿斯拜夏斯"。发音要是对了，你的听众必定印象深刻。记得补充说明一下：阿尔巴利诺实际上是葡萄牙阿瓦里诺葡萄的西班牙语名字。阿瓦里诺是让人牙齿发酸的绿酒的酿酒葡萄之一，而绿酒的产地靠近西班牙与葡萄牙的边界，也就是在加利西亚的南边。阿尔巴利诺可以说是西班牙最时尚的白葡萄，但它只要回头看一眼，就能看到蒙特雷依产区的格德约葡萄正不甘示弱地紧随其后。蒙特雷依是加利西亚最新的葡萄酒产区，而你可以这样描述格德约：跟阿尔巴利诺相似，但口感稍柔。称之为"新阿尔巴利诺"怎么样？还是这些名字听起来就是蠢兮兮的？

即使是里奥哈白葡萄酒也有所变化，传统上只会使用维奥娜葡萄[1]进行酿造，而如今时有和霞多丽、长相思和弗德乔葡萄共同调配。"新浪潮"里奥哈白葡萄酒仅最低限度地使用橡木，风格清新，果香浓郁；与之相对的是经典里奥哈白葡萄酒，经橡木陈酿，质地平滑，具有坚果似的风味。你可以借此抒发自己对经典酒款逐步退出舞台的痛心之情，反复无常是假行家们的特权。

老实说，你也可以反其道而行，比如断然宣称里奥哈红葡萄酒已变得不可预测，要么"橡木味过重"，要么"橡木味不足"。如你所知，里奥哈的标志性特色，是其经由在美洲橡木中陈化后产生的甜甜香草味。假行家要痛心疾首地指出，如今跟美洲橡木相比更为柔和的法国橡木被越来越多地采用，再加上过半里奥哈红葡萄酒尚年轻时便遭出售，根本未经橡木陈酿。

里奥哈红葡萄酒以丹魄葡萄为主，辅以少量歌海娜。关于里奥哈，你还需要知道它的品质阶梯：若在酒标上瞟到"sin crianza"（未经陈酿）或"joven"（新酒）字样，那这瓶葡萄酒基本就没有经过陈年；有"crianza"（陈酿）字样，意味着该酒酒龄为两年，第一年在橡木中；有"reserva"（珍藏）字样则表示在上一阶段的两年基础上，这酒还在瓶中多待了一年；而"gran reserva"（特级珍藏）字样说明该酒至少在橡木桶中放了两年，在瓶中待了三年。

纳瓦拉过去被看做里奥哈的穷酸亲戚，你应该宣称它如今更具价值，此处要赞美西班牙当局批准引入法国葡萄品种赤霞珠。

---

① 维奥娜是马卡贝澳葡萄在西班牙的常用别名。

回想一下，十九世纪时，西班牙对法国入侵疑神疑鬼到了极点，连边境上的铁路轨距都改了。

葡萄牙

很多肤浅的葡萄酒爱好者都对葡萄牙的葡萄酒知之甚少，所知仅限两款：其一为波特酒，一款很棒的加强型葡萄酒；其二可能是蜜桃红桃红葡萄酒。但你不一样，你还了解葡萄牙的日常餐酒——不仅能治愈味觉疲劳，而且在模仿跟风的赤霞珠和千篇一律的霞多丽常年充斥的当今葡萄酒界，它是其中的一股清流。

葡萄牙在地理上遗世独立于欧洲，其西部边缘靠近大西洋，经济上又相当窘迫（直到欧盟的赞助如洪水般涌入），因此葡萄牙的酿酒师们一直坚持使用本地葡萄——哪怕是那些名字很不招人喜欢的品种，比如伯拉多（意为"苍蝇屎"）和巴斯塔都（呃，意为"杂种"）。坚定地主张葡萄牙的王牌是其独有的一系列土著葡萄品种——不论是敌是友，都会给你的听众留下深刻印象。可以补充说明一下，葡萄牙拥有约三百个原生品种，其中大概五十种被广泛种植。实际上，到现在还能遇见"田间混酿"。这个术语指一个葡萄园里混杂着多达二十至三十种葡萄的情况。然而，这种情况也越来越少见了，因为葡萄牙的种植者为找出葡萄品种和土壤类型的最佳配对，会对"葡萄园选址"进行试验。是的，国际（我们的意思是"法国"）葡萄品种正在悄悄地溜进葡萄牙的葡萄园里去。不过，这并不是葡萄牙葡萄酒的主线故事。

告知众人，你偏爱杜罗河谷（也是波特酒的产地）出产的红葡萄酒——单宁紧致，具有大酒风范，使用传统波特酒的酿酒葡萄酿造而成，包括国产多瑞加（最为重要的一个）、多瑞加弗兰卡、猎狗、红巴罗卡、弗兰卡多瑞加[①]和罗丽红（即酿制里奥哈的丹魄葡萄）。记得说明：国产多瑞加通常作为主体，通过混酿抑制住其凌厉且高单宁的风格。当用这种葡萄酿造日常餐酒时，得到的成品层次丰富且辛辣，具有浓郁的黑色水果香气，说来也怪，有点类似未经加强的波特酒。

此外请记住，若没有拐着弯提起杜罗河谷"粗犷而永恒的美"，那根本不算谈过杜罗河谷。不过，要是你声称自己能够在葡萄酒里尝出河谷里前寒武纪页岩的味道，那这个话题或许还能继续。

若杜罗为阳，那与之相对的阴就是绿酒。这种酒产自葡萄牙北部的米尼奥省，几乎无色透明。绿酒名字里虽然带个"绿"字，但与酒的颜色并没有任何关系，其实指的是它清新而年轻、略略未熟的风格。这种充满活力的白葡萄酒使用塔佳迪拉、阿兰多和阿瓦里诺葡萄酿造而成。如你所知，此三者中的阿瓦里诺葡萄就是西班牙的当红葡萄阿尔巴利诺，阿瓦里诺是它在葡萄牙的名字。

说到葡萄牙日渐重要的众多葡萄酒产区，尤值一提的包括：杜奥产区（葡萄牙语发音介于"陶"和"栋"之间），以其浓郁有力

---

① 原文为"Touriga Francesa"，实际上是多瑞加弗兰卡葡萄名字的另一种写法。

的红葡萄酒为人所知；阿兰特茹产区，世界上绝大多数的葡萄酒软木塞正是产自此地。若有人说自己喜欢物美价廉的伊斯特雷马杜拉产葡萄酒，立马纠正他们，指出这片位于里斯本市北边的大西洋沿岸地区如今已更名为里斯本产区，盛产包括霞多丽在内新鲜而馥郁的白葡萄酒，以及层次丰富、具有香辛味的红葡萄酒，使用的葡萄包括赤霞珠、西拉、卡斯特劳、国产多瑞加和阿拉格斯——西班牙葡萄丹魄在葡萄牙的别名。

虽然隔壁的意大利坐拥众多名流酿酒师，葡萄牙也不遑多让，吸引克莱夫·理查德爵士去了阿尔加维地区。在那里，他把时间花在了打网球、保持青春（看上去年轻得可疑）和监督酿酒师们上面。你也可以尝试声称自己是歌手酒庄（字面意思是"歌手的酒厂"）的常客，而为了这个时刻，你要知道该酒庄出产的葡萄酒名为"新生"（瑞奇·马丁被抢先一步，或许拉丁音乐天王应该把他那可观的才能用在葡萄酒上）。

希腊

见多识广的假行家知道，希腊葡萄酒不光只有热茜娜。我们都曾在度假时买过一瓶希腊葡萄酒带回家，在英国克里克伍德某个潮湿的星期三倒了一杯，结果却发现跟当初在希腊小酒馆外爱琴海的波浪舔舐着我们脚趾时来的那一杯味道完全不一样，柠檬和松木的新鲜气息不见了，取而代之的是一股仿松木香洁厕灵的味儿——实力证明最廉价的假日葡萄酒只有在原产地喝味道才会比较好。

热茜娜的主要酿酒葡萄是洒瓦滴诺，因其出色的抗旱性而备受推崇。对此你可以这么说，有一名希腊酿酒师（你忘了他的名字）曾解释过：为了迎合希腊年轻人和多数的出口市场，如今大多数产商会减少所出产的热茜娜葡萄酒中的松香味，却会为德国顾客专门加重。德国，正是他们最大的出口市场。

谈到希腊，假行家们可以尽情发挥。原因在于，若你宣称自己的软肋是产自古迈尼萨的黑喜诺或是曼提尼亚产区出产的玫瑰妃，所有人（除了希腊人之外）都将百分百对你刚刚说的话摸不着头脑。身为葡萄酒真正的发明者，希腊人提供了一词典充满异国情调的陌生语汇，供假行家以一种"纵情挥霍之姿"[①]（该词也是希腊人发明的）翻来覆去地折腾。此外，绝大多数酒标用的也都是希腊语，因此在你接二连三地进出这些长而绕口的词儿时，被揭穿的可能性微乎其微。大可探讨一下快速现代化的葡萄酒行业，还有希腊的酿酒文化是如何一步步地变为孤岛，如今越来越多的希腊酿酒师都跑到法国和德国之类的地方开阔眼界去了。

显然，希腊种植最广泛的两个红葡萄品种分别是阿吉提可和前文提到过的洒瓦滴诺。在此处指出，阿吉提可葡萄酿出的葡萄酒通常风格广泛而多变，既可年轻而清新，亦可层次丰富且带有辛香，它与赤霞珠的混酿最讨人喜欢；而用洒瓦滴诺（其原名的含义是"又黑又酸"）酿出的葡萄酒在尚年轻之时会较为艰涩，不过很适合陈年，会随着成熟变得柔和。

---

① 原文为英文习语"with gay abandon"。

生产葡萄酒的气候一般都很炎热，而这样的气候常会使果实成熟过头。正因如此，希腊的葡萄酒——特别是红葡萄酒——有时得颇费些功夫才能获得一定的酸度。这就是为何希腊的酿酒师们一直在觊觎高海拔地区的凉爽气候及因此带来的葡萄生长条件，其中朝北的斜坡尤为受欢迎。

把你那股孩子般的兴奋劲儿留给圣托里尼岛出产的阿斯提可白葡萄酒，它相当独特，值得关注。圣托里尼是希腊的火山岛，公元前 1614 年，岛上的火山发生了一次大型喷发，让全岛沐浴在火山灰和岩浆之中，使得当地柑橘风味的葡萄酒带上了一种轻微的矿物质咸味。"阿斯提可"听着有点像美国二十世纪七十年代某部警匪片的名字，不过说到脆爽清新的夏日饮品，舍它其谁。

德国

别犯常见错误——对所有德国葡萄酒都不屑一顾，以为它们不过是些早已过时的糖水。自信的假行家知道的可比这多：其一，他们清楚白葡萄雷司令是行家里手的亲儿子；其二，光雷司令在甜美丰满和刀锋般的酸度之间那难以预料却撩人心弦的摇摆，就能让他们滔滔不绝到天明。你没理由不加入这个行列。备受推崇的葡萄酒作家休·约翰逊本人将雷司令称为"最伟大、最全能的酿酒葡萄"，而这位先生相当于——如果真有这么个东西——霍格沃茨葡萄酒写作学院的邓布利多教授。

要知道优质的陈年雷司令葡萄酒常常会带有石油和煤油味，但这是**好事情**，若想搜肠刮肚地找出一个形容词，那就称之为

"生动活泼"。此外，看在老天的份上，务必记住雷司令的英文念法是"里司令"，而不是"列司令"，一个读错就意味着你会在葡萄酒圈子里当场社会性死亡。

德国葡萄酒通常拥有一种与众不同的甜味，务必注意不能瞧不起所有的甜型葡萄酒，否则就会落入陷阱里面，被看做品味庸俗之人。布丁、小蛋糕和水果都是甜的，所以比起当主菜，有些葡萄酒就等同于葡萄酒中的甜点又有何不可呢？德国的餐后甜酒相当棒，比如精选葡萄酒、贵腐果粒精选葡萄酒和冰酒。虽然风格独树一帜，但它们其实并不能算是实打实的布丁酒[1]（酒精含量不够），倒不如说这些酒本身就是甜点——一小口贵腐果粒精选葡萄酒所含的糖分差不多等于一整块萨赫蛋糕[2]的糖分。不过，谈到糖分，德国雷司令葡萄酒的酒精含量通常低至 8.5％（ABV），相当于一杯约含热量 80 卡路里。因此，你可以练习这样说："我喝的是天堂园雷司令珍藏半干白葡萄酒，最近在控制饮食热量。"

与此同时，德国人已经开始把他们的很多葡萄酒做成干型或半干型。但不管有多干，此类葡萄酒仍是涩多过干，因此要花上一些时间才能习惯，不过用以搭配食物的效果很好——同样是绝佳的侃酒话题，因为知道此类葡萄酒的人寥寥无几。

就在不久之前，德国葡萄酒的大众口碑还非常低，低到为了

---

[1] 布丁酒为餐后甜酒的别称。
[2] 萨赫蛋糕由两层致密的巧克力蛋糕组成，两层之间有一层薄薄的杏子酱，顶部和侧面涂有巧克力糖衣。其由弗朗茨·萨赫发明，为维也纳特色美食之一。

推销葡萄酒，一些产商甚至会使用奥地利风格的名字和酒标，比如大风山脊。"万恶之源"当然是圣母之乳葡萄酒，此名的字面意思是"圣母玛利亚的乳汁"，是一款在其原产地鲜为人知的产品。提到它时，你或许可以这样引起听众兴趣：首先称赞"正宗的"圣母之乳葡萄酒，它只由沃尔姆斯大教堂旁小小的圣母－学院葡萄酒园出产，然后再得意地补充一句："不幸的是，这酒也就理论上能找得到。"

德国人对秩序的执念也体现在对葡萄酒的管理上，他们的评级体系是世界上最复杂但显然也是最有逻辑的。在这个话题上，你可以声称这个体系实际上是完全不合逻辑的（反正多多少少的确如此），应被整个废弃，这样就赋予了你对它一无所知的正当借口。不过若你到时被细细盘问，以防万一，眼下得记住这个体系共分五种等级，天然葡萄糖分含量越多，葡萄酒的评级越高——该体系本质上是对甜度的评级。现在跟我一起读，评级从最低到最高依次为：珍藏（Kabinett）、迟采（Spätlese）、精选（Auslese）、果粒精选（Beerenauslese）和甜度最高的贵腐果粒精选(Trockenbeerenauslese)——还好最后这一项可以缩写为 TBA。

祝你好运。

奥地利

1985 年，奥地利葡萄酒爆出防冻液丑闻，几个害群之马往自家产的迟采葡萄酒中加入了少量二甘醇以增加甜度。此事一出，整个奥地利葡萄酒行业几乎从头再塑。作为精品葡萄酒的产地，奥地利的酿酒工艺精湛，使用的还是世界上最有趣的几个葡萄品种，这就为后霞多丽、后赤霞珠时代的酒鬼们提供了顶级的吹嘘素材。

假行家需要眉飞色舞地讲讲绿维特利纳葡萄。这是奥地利最重要的本地白葡萄品种，其中以产自坎普谷、克雷姆斯谷和瓦豪产区的品质最佳。接下来高调发表自己的看法，对绿维特利纳葡萄酒典型的白胡椒辛香（若你喝到的酒品质不好就没有）评头论足一番，指出其最佳状态通常是在年轻和新鲜之时，或者说最好喝的是新酒（heurige）——这个词在奥地利还可以用来指代供应这种新酿葡萄酒的维也纳本地小酒馆。此外，也要记得对施蒂利亚地区出产的刺激而清新的长相思葡萄酒表达赞美之情。

赞美蓝弗兰克葡萄的标志性酸度，它是种植最广泛的当地红葡萄品种。要指出最好的蓝弗兰克葡萄酒产自布尔根兰地区，偶尔会与赤霞珠、黑皮诺混酿。用"生动活泼"形容这种葡萄酒很保险，除非新橡木使用不当——乱下狠手会摧毁酒的清新口感，而你强烈谴责此种行为。

瓦豪产区同时也是顶级雷司令的产地。你可以这样说：比起其充满活力的德国近亲，瓦豪出产的雷司令反而跟香味浓郁的阿尔萨斯雷司令有更多共同之处。此处务必指出，那种被称为"威尔士雷司令"的白葡萄跟雷司令没有任何关系，它甚至都不是来自威尔士，名字里的"威尔士"仅仅指代"外国的"这一含义。

大多数威尔士雷司令葡萄都用来酿造轻盈的偏干型白葡萄

酒，这种葡萄拥有的极强酸度还可以用于平衡奥地利著名迟采葡萄酒那非同寻常的甜度。这种迟采葡萄酒产于布尔根兰广阔的新锡德尔湖岸边，那里每逢秋季便总起雾，促进了灰葡萄孢菌的滋生。这种亲切的真菌会使葡萄脱水，因此果实中的糖分得以高度浓缩，整个感染过程又被称为"贵腐"。其顶级产商包括阿洛伊斯·格莱士和威利-欧皮兹。后者还发行过一张专辑，里面录制了葡萄在桶中发酵的声音。遗憾的是，你买的那张落在车里了……

东欧

谈到东欧时能说些什么呢？讲讲往日辉煌的廉价保加利亚赤霞珠和匈牙利公牛血如今已风光不再？二十世纪八十年代，这些漂亮又好喝的红葡萄酒如日中天，名气之大好比亚历克西斯·卡林顿①的大垫肩，但是——诶，往日已不再。来自海外的投资和酿酒师纷纷涌入，并取得了不同程度的成功。他们曾经试图通过价格适中、清晰好懂的葡萄酒（标有葡萄品种，有时还会取英国化的名字）在自己的主场击败新世界的葡萄酒，然而区域政治并不总有利于出口，而酒的质量又一直像阿甘手里的那盒巧克力。此处的最佳评论应是一句居高临下的"品质逐年有所提升"，葡萄酒作家百用不爽，所以值得你一试。

---

① 为1981—1989年美国电视剧《豪门恩怨》(*Dynasty*) 一主要角色，以身着有大垫肩的时髦服饰之形象而闻名。

上述事件的负面影响是，很多有意思的本地葡萄品种迷失在了无穷无尽的赤霞珠、梅洛、黑皮诺、灰皮诺和霞多丽之海中。显示一下你在东欧葡萄品种上的渊博知识，一一列举出它们的名字：保加利亚的红葡萄品种，有李子一样的马弗露和梅尔尼克；罗马尼亚有黑姑娘和白姑娘；匈牙利有伊尔塞奥利维、福明特和哈斯莱威路（主要用于酿造干型白葡萄酒），以及用于酿造红葡萄酒的卡达卡和蓝佛朗克。别忘了提醒你满脸崇拜的听众，匈牙利的蓝佛朗克和奥地利的蓝弗兰克是同一种葡萄。

倘若有人胆敢说公牛血是匈牙利最有名的葡萄酒，你便拿出你最大程度的耐心，好像医生对待濒死的病人一般，用春风般和煦的态度指出：对于注目于优惠补贴或者有利酒类汇率的穷酸学生来说或许的确如此，但行家百分百会说托卡伊。如你所知，这款大名鼎鼎的餐后甜酒曾在每位欧洲暴君的皇宫之中闪耀，赢得了"王者之酒，酒中之王"的称号。托卡伊由感染了贵腐菌的福明特和哈斯莱威路葡萄酿造而成。

至于公牛血，要坚持使用它的本土名字"Bikaver"。讲讲1552年（大概）的埃格尔之围[①]，在有趣的传说中，奥斯曼入侵者深信当地土酒之中一定且肯定含有公牛的血液，否则除了守城者非凡的力量和决心，还有什么能解释本方节节败退，最终打道回府呢？传统上，公牛血葡萄酒使用古老的卡达卡葡萄酿造，不过

---

① 1552年，奥斯曼帝国军队围攻位于匈牙利王国北部的埃格尔城堡，守军击退土耳其人，保卫了城堡。这场围城战成为匈牙利国防和爱国主义的象征。

如今也含有蓝佛朗克和常年出场的几个国际葡萄品种。

最后讲讲罗马尼亚的黑皮诺。虽然听起来跟爱尔兰产鱼子酱一样不太真实，但这款葡萄酒值得一提，是你手头拮据时一定会买的酒。

英格兰

英国人以其幽默感闻名于世，比如巨蟒剧团、班尼·希尔、查理·德雷克[①]等等；但谈到英国葡萄酒时，只能说英国人这下可是一点儿都笑不出来了——起泡酒除外。英国起泡酒如今常在盲品中击败香槟，成为一项让英国人一反低调谦和的常态、热衷于广而告之的成就。

能获得这样噼啪作响的成功，其中的秘密很简单：英格兰南部丘陵地为白垩土和石灰岩土壤，比如典型代表多佛白崖，地质条件与法国的香槟产区完全相同。除此之外，南部和法国香槟区的气候也再相似不过，唯一的区别是香槟区的冬季更为寒冷。因此，二者都被归类为凉爽气候葡萄酒产区，这种产区出产的葡萄酸度较高，极适合酿造起泡酒。

香槟的众多产商，尤其是水晶香槟的制造商路易王妃香槟，

[①] 巨蟒剧团，英国的一组超现实幽默表演团体。该剧团之于喜剧的影响力，不亚于披头士乐队对流行音乐的影响。班尼·希尔，英国著名喜剧演员，以长寿搞笑节目《班尼·希尔秀》最为人熟识，该节目以闹剧、诙谐模仿、语带双关及色情笑话为卖点，其招牌动作是行军人举手礼。查理·德雷克，英国喜剧演员，以口头禅"你好啊，我亲爱的们！"（"Hello, my darlings!"）闻名英国。

都曾被人目击在英国南部的村庄附近四处探查——那里的土地价格可以比香槟区便宜二十倍以上。

在此指出，英国人对这种葡萄酒活动并不陌生。葡萄由罗马人引入英格兰，之后在当地欣欣向荣，一直到遭遇气候变冷和亨利八世下令解散修道院的双重打击为止。在当时，修道院培育并种植了大多数的葡萄（这是每个葡萄酒假行家都应知道的有用史料）。风水轮流转，新一次气候变化（全球变暖）对英格兰大为有利。

务必提及萨里郡的丹比斯酒庄、汉普郡的柯西酒庄以及苏塞克斯郡的里奇维尤酒庄和尼丁博酒庄，它们都是出产地道英国起泡酒的英国葡萄酒厂，但全采用法国技术，使用的葡萄也是种在香槟型白垩岩土壤上的经典香槟葡萄品种（霞多丽、黑皮诺和莫尼耶皮诺）。别忘记强调康沃尔郡的骆驼河谷在沙质土壤上也成功生产出了顶级起泡酒。最后，评论一下英国起泡酒的浓郁果味和所带花香（"你几乎能闻到乡间树篱的气味"——发表些诸如此类的评语），与它相比，香槟的酵母味更浓，带有饼干香气。

出于对本国葡萄酒的强烈自豪感，英格兰的酿酒师们拼了命地想取一个比"英国起泡酒"听着更具吸引力的名字。有人建议把英语和法语揉在一起造个新词，叫"不列槟"（Britagne），读作"布列塔尼亚"（Britannia）；还有人建议叫"梅雷特"，以克里斯托夫·梅雷特的名字命名。关于这位英国人，你要知道的是，早在培里侬修士的瓶塞"砰"的一声飞出去之前，这位先生就已经琢磨出了起泡酒的传统制作方法，然而前者拿走了一切荣耀[①]。

不过，也务必敦促你的朋友在面对英国红葡萄酒时小心为上。虽然香槟人的确会种植黑皮诺和莫尼耶皮诺这两个红葡萄品种用于生产香槟，但他们还没笨到去使用这两种葡萄酿造红葡萄酒。

[①] 克里斯托弗·梅雷特（1614—1695），英国医生、科学家，是据载第一个为生产起泡酒而故意加糖的人。17世纪初，英国人罗伯特·曼塞尔垄断英国玻璃生产并实现量产，其生产的玻璃瓶远比法国产的结实。因此，英国人认为，在诱发葡萄酒二次发酵而不因产生气体炸毁酒瓶，梅雷特的实验比传统认为培里侬于1697年左右在香槟区发明起泡酒要早。

新 世 界

美 洲

美国

在讨论美国葡萄酒时，要是对方话头一转，聊出了你的舒适区，那你只用把话题带往"巴黎评判"①就好。1976年5月24日，那是当代历史地动山摇的一天。这一天，高贵的法国葡萄酒业遭遇了自己的阿金库尔战役②，完全可以将勇敢的英国弓箭手替换为两排加州霞多丽葡萄和赤霞珠葡萄，反正结果惊人得相似。

---

① 即后文所述的 1976 年巴黎评酒会。"巴黎评判"（Judgment of Paris）则是借用希腊神话中特洛伊战争的导火索——帕里斯（Paris）的评判之典故而得的译名。

② 阿金库尔战役是英法百年战争中著名的以少胜多的战役。英军以由步兵弓箭手为主力的军队于阿金库尔击溃了法国由大批贵族组成的精锐部队，这场战役成为英国长弓手最辉煌的胜利，也是一场在战争史有重要影响的战役——以弓箭手作为主力对抗重装骑士的胜利。

务必讲讲这个喜闻乐见的故事：英国葡萄酒商人史蒂文·斯普瑞尔在法国首都组织了一场盲品，分别让加州霞多丽葡萄酒对战酒中贵族勃艮第，加州赤霞珠葡萄酒对战威力无穷波尔多。你已经料到了结果，是不是？不愧是拍出了《海滩救护队》的美国加州，鹿跃酒窖出品的 1973 年赤霞珠葡萄酒击败了红颜容酒庄的 1970 年波尔多；而蒙特莱那酒庄的 1973 年霞多丽葡萄酒则击败了芙萝酒庄默尔索夏姆一级园的 1973 年勃艮第。这太可怕了！这还没完，伤口上再撒把盐——参赛的品酒师都是法国葡萄酒行业的基石和大佬。

换做今天面对同样的结果，人们可能连眼皮都不会抬一下，但在 1976 年——《星球大战》上映的前一年——法国葡萄酒眼里的自己就好比死星，遥不可及，坚不可摧。因此，法国人拒绝接受这个他们看来极其可笑的结果，然而"巴黎评判"却被其他国家的酿酒师们视为信心之源。不仅美国，整个新世界都受到了鼓舞。自此之后，法国人一直在被不停打脸。那次盲品之后，法国人理所当然地要求使用相同的葡萄酒重赛，给出的理由是法国葡萄酒陈年后更佳。于是，1978 年在旧金山举行了重赛，结果加州队又一次获得了胜利。到了 2006 年，法国人还不死心，为纪念"巴黎评判"三十周年，同时在伦敦和加州纳帕谷举行了盲品……有时候，适可而止也是种美。

为了安抚他的法国老朋友，史蒂文·斯普瑞尔这样评论道："盲品的结果是无法预测的，就算同一组人品同样的酒，第二天也无法得出相同的结果。"说到这里，人们就会问出这句话：那评酒会究竟有什么意义呢？——这正是假行家最想听到的信号。

从得克萨斯到夏威夷，从大西洋沿岸到太平洋沿岸，全美五十个州都出产葡萄酒——算上阿拉斯加那帮用美洲大树莓酿酒的怪人——不过其中95％都产自加利福尼亚。如此巨大的产量，使加州成为继意大利、法国和西班牙之后的全球第四大葡萄酒产地。此类着眼全球经济的深入见解一向都是葡萄酒假行家挖不尽的金矿。

长达483公里的中央山谷出产加利福尼亚大部分的葡萄酒，这些酒都使用统一灌溉的葡萄酿造，虽然产量大、效率高，但品质平淡无奇。不过，位于山谷北边的洛迪产区出产的仙粉黛葡萄酒说实话相当不错，极具价值，洛迪的仙粉黛葡萄还被"仙粉黛倡导者与生产者组织"（ZAP）公开列为"美国传统葡萄"。作为一名假行家，你的职责就是在此处指出：1994年进行过一次DNA测试，结果显示此种所谓的"百分百美国葡萄"其实就是意大利南部的普拉米蒂沃葡萄。上述关联一经揭露，便成了意大利人饭桌上的经典谈资。

众所周知，仙粉黛葡萄用于酿造风格多样的葡萄酒，下至酒精含量约为11％（ABV）的淡粉色甜酒（即名为"脸红"的葡萄酒，或者你也可以使用它让人困惑的别名"白仙粉黛"），上至酒精含量高达17％（ABV），颜色深红如血，带有肉桂、黑胡椒和丁香风味的单宁怪兽。说到"仙粉黛之王"，这一称号无可争议地属于保罗·德雷珀。这位著名酿酒师属于圣克鲁斯山区的山脊酒庄，酿造的老藤葡萄酒醇厚而紧致。

在旧金山的北边，纳帕谷是高价顶级加州葡萄酒的中心产区。纳帕谷种植有大部分经典法国葡萄品种，不过其中以赤霞珠为首，或用于酿造单一品种葡萄酒，或用于酿造波尔多风格的混酿葡萄酒（主要混搭以梅洛葡萄），而这种酒则被称为"梅里蒂奇混酿"。与北加利福尼亚大部分沿海地区一样，北太平洋的习习微风和每日从海面升起的晨雾为纳帕谷带来了凉爽的气候，而山谷两侧则提供了更为凉爽的高海拔种植条件。

"纳帕"一名源于美国原住民语言中的一个单词，意为"充足"。在纳帕谷，万物只有多，绝没有多余。这里出产的葡萄酒就像好莱坞式笑容一样：量大，异常亮眼，还有点令人难以置信。纳帕谷也是"膜拜酒现象"[1]的发源地，这是一种"准宗教"，教派基础是口感丝滑、带有黑色水果风味、单宁硬朗的赤霞珠葡萄酒。

授予膜拜酒此等地位的，是那位"全世界最具影响力的葡萄酒评论家"，也就是用百分制给葡萄酒打分的罗伯特·派克（又名"百万美元的鼻子"）。举个例子，他给啸鹰酒庄的1992年份酒款打出了99分，这批酒就可在网上卖出每瓶4 600英镑的价格。结果就是这批酒通常会被人购买作为期货（即在其装瓶之前），或被收集当做战利品，基本没人会老老实实地真买来喝。

纳帕谷奥克维尔地区的土壤里说真的一定有什么东西。它不

---

[1] 膜拜酒（cult-wine）最早指质优量少的美国加州葡萄酒，多以赤霞珠酿造。如今，膜拜酒已完全成为商业概念，除美国外，澳大利亚、意大利、西班牙等国也都形成了自己的膜拜酒代表。

仅是啸鹰酒庄的老家，还诞生了同样深受崇敬的哈兰酒庄和作品一号酒庄。后者由已故的传奇罗伯特·蒙达维和菲利普·罗斯柴尔德男爵共同创立，出产品质杰出的波尔多混酿。其他的膜拜酒的生产酒庄包括阿罗珠、玛尔卡森、切峰和稻草人。

此外，纳帕谷这个名字还可以指纳帕谷美国法定葡萄种植区（或称"纳帕谷AVA"）。说到这儿，你大可对此表示反对：纳帕谷包括了数种土壤和小气候，这样的打包式术语根本毫无意义。美国法定葡萄种植区制度（American Viticultural Area, AVA）与法国的原产地命名体系有些类似，但AVA并不是质量的保证，它仅仅要求一瓶葡萄酒里有85%的葡萄来自该法定葡萄种植区。

温和地暗示纳帕谷某种程度上曝光过度了。你发现它隔壁的索诺玛地区价值更大，那里出产出色的赤霞珠、霞多丽和仙粉黛葡萄酒，以及从"杯酒人生"之劫中生存下来的梅洛葡萄酒。《杯酒人生》是一部讲述"葡萄酒之旅"的电影，于2004年上映，获得了巨大反响，此处应引用其中经典台词："我才不喝□□的[1]梅洛！"另一边，索诺玛的子产区俄罗斯河谷，则出产凉爽气候下长成的黑皮诺、霞多丽以及顶级的起泡酒。

顺带一提，出产加州品质最佳起泡酒的部分酒庄名单如下：世酿伯格酒庄（位于纳帕谷）、香登酒庄（酩悦香槟的纳帕谷分公司）、格洛里亚菲拉酒庄（位于加州卡内罗斯产区，由西班牙的菲

---

① 原文对脏话作了文字处理，译文随原文处理。

斯奈特公司创立）以及香槟在新世界的另一个前哨基地——路易王妃酒庄（位于门多奇诺产区最北端的安德森山谷）。其中，路易王妃出产的桃红葡萄酒亦值得称道。

说到加州霞多丽葡萄酒的顶峰，那就不得不提纳帕谷深具陈年潜力的蒙特莱那酒庄（在"巴黎评判"中一战成名），还有俄罗斯河谷产区的吉斯特勒酒庄。对于吉斯特勒酒庄，你要反问一句："如今它表现出了更多克制，你没发现吗？"

如果东道主为你倒上一杯加州葡萄酒，务必询问主人是否喝过太平洋西北地区——此处特指俄勒冈州和华盛顿州——出产的葡萄酒。俄勒冈州悠长而凉爽的秋季为勃艮第个性无常的黑皮诺葡萄提供了绝佳的成熟条件——实际上，可以说是举世难得的条件。勃艮第的葡萄酒商人罗伯特·杜鲁安由此受到启发，于1987年在俄勒冈创建杜鲁安酒庄，并将地址选在了威拉米特河谷。如今，威拉米特河谷成为黑皮诺的重要产地，其出产的葡萄酒丝滑而优雅，足以与相似价位的勃艮第相匹敌。此外，霞多丽、雷司令和灰皮诺在俄勒冈表现得都相当不错。

接下来，让我们把眼光转向内陆，华盛顿州位于喀斯喀特山脉的东部，属于风沙干旱地区，在流经该地区的众多河流灌溉之下，当地出产果味馥郁的赤霞珠、西拉和霞多丽葡萄酒。此地的梅洛葡萄酒也是西海岸品质最好之一。

若你的东道主相当熟悉以上提到的所有葡萄酒，那你立即将话题战略性地转换到东海岸，询问他／她是否喝过纽约州的雷司令干白葡萄酒，特别是芬格湖群区所出产的。

智利

智利拥有奇长奇窄的条形国土，南北纵长达 4 300 公里，宽度却只有 175 公里。对于一个葡萄酒生产国来说，这种形状好像有点荒唐，特别是同葡萄酒大国法国、西班牙相比——此二者的国土都是高效干练的方形。然而，智利却以拥有近乎完美的葡萄生长条件让世人艳羡，并吸引了众多欧洲传奇的酿酒世家前来，其中包括西班牙的托尔斯，以及波尔多的庞塔利尔和布拉特斯。

从北部沙漠到南部的麦哲伦南极大区，智利拥有跨度极大的多种气候类型。当地的葡萄酒酿造集中于中部，一块以首都圣地亚哥为中心、长约 1 400 公里的区域内。中央山谷是智利最重要的葡萄酒产区，属于地中海气候，其子产区包括麦坡山谷、拉佩尔谷、库利克谷和马利山谷。多少要感谢秘鲁寒流，智利全境的气候都很凉爽；而安第斯山脉的积雪融化后，所得的淡水又可用于灌溉。

不过，关于智利，最为令人瞩目的事实在于，它是世界上唯一一个不受葡萄根瘤蚜影响的葡萄酒生产国。葡萄根瘤蚜以葡萄根为食，会破坏葡萄的根部。前面提到过，在十九世纪时，这些难对付的小东西搞得法国的葡萄酒业命悬一线，因此有些法国产商将目光投向了智利，想要寻找用以替换的砧木。而且，他们已证实智利的葡萄园也免疫白粉病（非常难对付）。简而言之，智利的地理和气候条件，再加上对害虫和疫病的抗性，使其得以产出得天独厚的健康葡萄。

　　智利葡萄酒以其果香浓郁、单纯质朴的味道赢得了大众的喜爱，就好像葡萄酒版的果汁软糖一样。更重要的是，智利葡萄酒人称"物超所值"。那是个令人敬畏的葡萄酒贸易术语，意思是智利葡萄酒在性价比上更倾向于"性"。换句话说，花同样的钱，还是买智利葡萄酒更值当。心怀感激的酒客或许会问："有什么理由会不喜欢智利酒呢？"然而，葡萄酒的业界媒体则时不时会对智利物美价廉的名声小小地嗤之以鼻。

　　如今公认的观点是，智利的酿酒师们已经开始把功夫下在选址（为特定的葡萄品种匹配合适的土壤和小气候）上，以酿造出更加精妙且具有辨识度，能反映所用酿酒葡萄独特生长条件的葡萄酒。与此同时，在橡木的使用上，他们也不再"乱下狠手"（很好用的词），因此在橡木桶中陈酿所产生的香草味和烘烤味得以柔和，不再占据酒香的主导地位，从而使智利葡萄酒获得了更好的均衡。这是一件**大好事**，你必须得大声说。

　　如今人们都在议论，说智利葡萄酒正"迈入成年"，或者说正"走向成熟"。对一个由西班牙征服者在十六世纪中期就开启的产业来说，这样的评语相当意味深长。

　　就像深色水果软糖更受欢迎那样，似乎大部分人都最爱智利的红葡萄酒。不过，智利的白葡萄酒也在飞快地迎头赶上。如今一说到霞多丽和长相思葡萄酒，或是琼瑶浆、维欧尼与雷司令这样的芳香型葡萄酒，首选卡萨布兰谷。卡萨布兰谷隶属智利最北端的葡萄酒产区阿空加瓜，是其次产区之一，拥有太平洋微风和晨雾赋予的凉爽气候，气候条件跟北加州沿岸很相似。以白葡萄酒闻名的还有比奥比奥谷，它是智利最南端的主要葡萄酒产区，凉爽的气候吸引了众多波尔多和勃艮第的酿酒师们前来大展身手。

赤霞珠和梅洛是智利的首要红葡萄品种，但可以说西拉和黑皮诺也渐渐在当地争得一席之地。在卡萨布兰谷和比奥比奥谷凉爽的气候条件下，黑皮诺正崭露其头角。

用下面这个故事让你的听众吃上一惊：在 1991 年，多数的智利"梅洛"葡萄酒被确认为实质是佳美娜葡萄酒。佳美娜是一个波尔多的红葡萄品种，但在当地已经消失殆尽。因许多人错把自家的佳美娜标成梅洛，智利闹出了国际笑话，不过也因祸得福，世人从此对智利佳美娜的兴趣一路高涨。使用佳美娜酿出的葡萄酒，颜色格外深，酒体也非同寻常的饱满，带有一种出人意料的草本植物风味，可为赤霞珠或梅洛增添一份活力。出于某些只有他们自己才懂的原因，有些智利人会在自家出产的佳美娜葡萄酒上标注"Grande Vidure"①，这一点假行家要务必注意。

阿根廷

身为一名假行家，若能对各大葡萄酒生产国的标志性葡萄品种如数家珍，将会非常有用。所谓"标志性葡萄品种"，既可以是一个地方原产的独有品种，也可以是后来引进的品种，但都是该

---

① 即大维督尔，为佳美娜葡萄在法国的别名，但只有法国产的佳美娜葡萄酒才能标注"Grand Vidure"。

地展示给世界的"独特卖点"①。美国有仙粉黛，南非有皮诺塔吉，新西兰有长相思，澳大利亚有西拉子（其余地方则称为西拉），法国则可以对大多数主要酿酒葡萄品种宣示所有权——如果这些葡萄品种过去没在他们的眼皮底下被拐走还最终在其他地方繁荣昌盛的话。至于阿根廷，它的标志性葡萄品种不是一个，而是两个，分别是优雅的特浓情和野性的马尔贝克（名副其实的"美女与野兽"组合）。

马尔贝克颜色极深，在一众葡萄里就好比是头发乱糟糟的希思克利夫②。它曾经是波尔多混酿中的次要成员，直到1956年的那场"著名"霜冻灾害中几乎全灭。不过，在法国西南部的卡奥尔产区，马尔贝克至今仍是首要红葡萄品种，过去酿造的马尔贝克葡萄酒被英国商人称为"黑酒"。在法国，马尔贝克有时也被叫做黑科特或欧塞瓦。遭遇了波尔多人的漠不关心之后，是阿根廷让马尔贝克重新找回了昔日的名誉和骄傲。

1852年，马尔贝克首次被引入阿根廷。人们普遍认为当初的那批插条来自波尔多，而非卡奥尔，这样就能解释为何今天的阿根廷马尔贝克与卡奥尔马尔贝克之间存在细微的差别。阿根廷的气候更为干旱，海拔也更高，因此当地的马尔贝克果实较小，单宁更加成熟，酿出的葡萄酒更适合陈年。似乎是神圣的天

---

① 独特卖点（Unique Selling Point, USP）是一个品牌营销术语，该理论体系由美国人罗瑟·瑞夫斯于二十世纪五十年代提出。

② 艾米莉·勃朗特小说《呼啸山庄》主人公，常被视为受尽折磨的"反英雄"典型（具有理想性但有一定缺陷）。

意将马尔贝克葡萄带到了阿根廷，因为马尔贝克葡萄酒的酒体结构厚实，带有成熟西洋李的风味，跟阿根廷的另一大特产牛肉是绝配。

门多萨产区出产的马尔贝克葡萄酒最为优质。门多萨位于安第斯山脉东部的丘陵地带，鉴于80％的阿根廷葡萄酒都产自那里，你可以更加具体地指明，最好的马尔贝克葡萄酒来自门多萨的次产区图蓬加托、乌科山谷和门多萨河上游。

不像马尔贝克，白葡萄品种特浓情是如何来到阿根廷的，就没人知道了。不过，以下这个传说版本值得一提。十六世纪时，耶稣会会士急需圣餐葡萄酒，因而种植了寡淡无味的克里奥恰卡葡萄。不过得说句公道话，当时酒的味道可能也不是耶稣会会士们的优先考虑事项。后来的移民带来了芳香馥郁的亚历山大麝香葡萄，和克里奥恰卡葡萄混种在一起。特浓情被认为是这两种葡萄自然杂交的后代，继承了麝香葡萄出众的浓郁芳香。而"特浓情"这个名字或许来自一个思乡情切的西班牙移民，因为西班牙北部的加利西亚地区也生长着一种名字相同的葡萄。不过除了同名之外，两种葡萄之间没有任何关联。若想让你的口音听着好像一个正宗的南美牛仔，务必把重音放在最后一个音节上。

最好的特浓情葡萄酒一部分来自阿根廷北部的高海拔省份萨尔塔以及横贯该省的卡法亚特山谷，谷中仙人掌丛生。此处记得补充说明，萨尔塔正位于南回归线上，该纬度的气候更适合香蕉生长，但高海拔的降温效果抵消了亚热带的高温。

卡法亚特产区的海拔高度约为1 700米，此处的葡萄园是世界上最高且最干燥的葡萄园之一。当地使用安第斯山脉的雪山融水进行灌溉，夜间凉爽的温度又减缓了葡萄的成熟过程，提高了果实的新鲜度和酸度。同时，高山空气干燥，危害葡萄的病菌无法存活。在白天，这个海拔高度的阳光照射尤为猛烈，大幅提升了酒精含量。对于萨尔塔产区出产的特浓情葡萄酒来说，酒精含量达到 13.5%（ABV）或 14%（ABV）都十分常见。但作为一款酸度脆爽的芳香型白葡萄酒，它的酒精含量可以说高到仿佛欺诈。

用以下事实惊掉你朋友的下巴：位于萨尔塔产区帕亚格斯塔村的佳乐美酒庄，其所拥有的葡萄园坐落在海拔 3 111 米的高度上，是全世界最高的葡萄园。在高海拔的情况下，我们的味觉会变得更加迟钝（证据之一便是飞机餐），或许能佐证萨尔塔的酿酒师们在无意间会过度补偿。只有这样才能解释他们酿造的葡萄酒为什么果味如此浓厚且活力十足。

大洋洲和南非

澳大利亚

二十世纪七十年代时，你还能拿澳大利亚的葡萄酒讲笑话："有袋鼠干红和小袋鼠干白可选，有哪位要吗？"然而到了二十世纪八十年代，业界就不得不将自己的话吃（喝？）回去，澳大利亚人开始正式出口自家的葡萄酒，凭借霞多丽葡萄酒——层次丰富、经橡木桶充分陈酿、黄油味十足、洋溢着菠萝和热带水果的风味——打响了名号。每次说到欧洲产商还固守朴素的旧西拉时，你就会记起澳大利亚人将这种葡萄重新命名为"西拉子"，并用它酿出了好像充满超能力的超级英雄一般的葡萄酒——类似西拉，只不过打了类固醇后变成了西拉子。

仿佛瓶装的阳光一般，澳大利亚葡萄酒甫来到欧洲大陆，便带来了一股新鲜的气息。与旧世界令人窒息的酿酒法规相比，澳大利亚的规矩就是没有规矩。只要自己喜欢，澳大利亚人可以在任何地方种植任何品种的葡萄；只要他们乐意，可以随意混酿任何葡萄来制作大伙想要的酒。此外，比起用高深莫测的土地块儿（就是所谓的风土）来命名葡萄酒，他们选择在酒标上直接写下葡萄品种的名字——而且用英语写。我们再也不需要自行查明夏布利葡萄酒是用霞多丽葡萄酿出来的，因为突然之间，我们就能买到明白标着"霞多丽"的葡萄酒了。

所以，澳大利亚人因使葡萄酒民主化而广受赞誉——对于寻常葡萄酒爱好者来说是个利好消息，但对热衷吹嘘的假行家来说就不是了。振作起来！因为世界也正在改变澳大利亚和新西兰。

当年澳大利亚人首次将他们轰动一时的葡萄酒带去英国，他们一度成为英国葡萄酒媒体的甜心，被树立为反权威的代表（准确地说，"权威"指的就是法国人）。可惜英国人一旦发现了什么中意的人或事物，立马就想着要改变对方。比如，英国姑娘伊丽莎白·赫莉从把澳大利亚传奇板球运动员肖恩·沃恩举世皆知地搞到手的那一刻起，她就想让他抛弃人字拖和紧身泳裤，换走时尚休闲风，或甚至是全套正装风。澳大利亚葡萄酒正在经历相似的大改造，只不过程度没那么惊人而已。

如今，你可以坚持自我，说自己更喜欢顽固守旧的"芭比"葡萄酒。但在这个案例中，最好的做法是随波逐流，鸡毛蒜皮的事儿也得跟着大家一起振臂高呼。还有其他更好的话题可以用来"证明"你是个懂行的。

发表以下意见：你厌倦了没有灵魂的"工业化"品牌，尤其是位于新南威尔士州的瑞福利纳产区和南澳大利亚的河地产区坐落在又晒又干的风沙地上的那几家酒庄。此类地区重度依赖灌溉，而在葡萄酒圈里，灌溉是个敏感的话题。加入法国人的阵营，把给葡萄藤浇水的行为视作造假，大加嘲笑。摆出以下论据：葡萄藤需要适当吃点苦，如此才能酿出优质的葡萄酒。为此，我们需要"旱种"的葡萄，跟"水培法种出的一串串水球"相比，"旱种"的葡萄果实小、浓度更高。

如今澳大利亚人民已经发现，他们扩张葡萄园的速度过快，超出了自己的承受能力，结果生产了一大堆被称为"小动物葡萄酒"的促销品牌（之所以这么说，是因为此类品牌的酒标上都有一只本月度有袋类动物的图案）。那么，去澳大利亚的哪里才能找到更加精巧、更加成熟的风格呢？答案是去凉爽气候葡萄酒产区。如你所知，在此类地区，葡萄的成熟过程更为缓慢且稳定，这样一来，酿出的葡萄酒酒精含量更少、酸度更高——虽然成熟度稍低，却更为优雅而精致。而你，作为一名假行家，当然对此甚是满意。

在西澳大利亚，得益于名为"弗里曼特尔医师"的海风，玛格丽特河产区和大南区沿海地带获得了丝丝清凉。前者的赤霞珠和霞多丽葡萄酒最为有名，后者则以黑皮诺、雷司令和西拉子葡萄酒闻名于世。上述的这些超赞葡萄酒并不便宜，尤其是产自玛格丽特河产区的。

在南澳大利亚，伊甸谷和克莱尔山谷这两个高海拔子产区出产的雷司令葡萄酒值得留意，相当活力四射。此处的"活力四射"指的是，比起德国雷司令，这两个地方的雷司令带有更突出的酸橙香气。其中，克莱尔山谷的波兰山葡萄园拥有板岩土壤，因此形成了生产雷司令的高度优势地段。另外，你能在气候凉爽的阿德莱德山产区找到位列澳大利亚最佳的几款长相思葡萄酒。此处还有个吹嘘加分项：讲讲帕史维和库纳瓦拉，它俩隶属于石灰岩海岸产区。库纳瓦拉出产的赤霞珠葡萄酒可能是澳洲最佳，以带有西班牙凉菜汤风味和澳洲桉树香气闻名。

在维多利亚州，墨尔本附近的亚拉河谷产区气候凉爽，出产的霞多丽葡萄酒让人印象深刻。亚拉河谷出产的黑皮诺葡萄酒则可能是全澳最优。此处可以主张，对于刚刚的结论，或许位于南边的莫宁顿半岛不会服气。凉爽产区还有比曲尔思和吉朗，在使用这些勃艮第葡萄酿酒上的表现也很出色。

塔斯马尼亚岛凉爽宜人又日照充沛，该地出产顶级的黑皮诺和霞多丽葡萄酒以及用灰皮诺和用香槟法酿造的起泡酒。此外，这里的雷司令和琼瑶浆葡萄酒也展示出巨大的潜力。你可以发表这样的评论：在塔斯马尼亚，葡萄栽培还是个新鲜事物，所以随着葡萄藤成熟，酒的质量似乎年年都在提高。

虽然**凉爽气候酿酒**和**位置选择**（匹配葡萄品种和土壤类型的

最佳组合）是澳大利亚如今的标志性口号，你也需要知道以下两个十分热门且历史悠久的澳大利亚葡萄酒产区。其一是位于维多利亚州东北部的路斯格兰产区，当地的气候炎热到足以烤熟猴子的屁股，以出产加强型麝香利口酒而家喻户晓，这款甜葡萄酒层次丰富，口感黏稠，带有咖啡、太妃糖的香气。根据规定，要称呼此类葡萄酒为"澳大利亚甜葡萄酒"。其二则是位于南澳大利亚的巴罗萨谷产区，它是澳大利亚最大的高质量葡萄酒产区，其标志是饱满浓郁的西拉子葡萄酒，部分酿酒的西拉子生长自超过百岁的老藤。

巴罗萨谷和位于其附近的（只是相对而言，毕竟我们正说的可是澳大利亚）麦克拉伦谷是"GSM 混酿"这款新潮葡萄酒的代表产区。所谓"GSM"，指的是歌海娜、西拉子和穆尔韦德这三种葡萄。而说到 GSM 混酿的精神家园——毫不意外——是法国的罗纳河谷。如今十分流行向西拉子中加入少量白维欧尼葡萄进行柔和，然而罗蒂丘早就这么做了。此外，小小声补充一句：一些澳大利亚人也已经开始管他们的西拉子叫"西拉"了。

当然，若在谈论澳大利亚葡萄酒时没向奔富酒庄脱帽致敬，那整场讨论是不完整的。凭借真实过硬的品质，奔富酒庄成为首个打入国际葡萄酒市场的澳大利亚葡萄酒。受到 1958 年那次欧洲之行的启发，已故的马克斯·舒伯特当时决心酿出一支澳大利亚红葡萄酒，这支酒的目标被设定为足以同时在品质和陈年潜力上匹敌波尔多的顶级葡萄酒。他的伟大创新之一，就是通过使用一种简单的制冷方式来模仿波尔多酒庄十月时的寒冷环境，从而减缓葡萄酒的发酵过程。今时今日，温控发酵桶已经成了标配。

奔富酒庄的顶级酒款是葛兰许葡萄酒——原来不知道没关系，你马上就会知道——以西拉子葡萄为主，加入少量主要产自巴罗萨谷的赤霞珠，然后在新橡木中陈酿至少十八个月。现在它已被正式列为南澳大利亚的一项"文化符号"[①]，葡萄酒专家休·约翰逊称其为"南半球唯一的一级酒庄"。如果以上这些褒奖听着还不够，在澳大利亚国民电视肥皂剧《家有芳邻》中，葛兰许是唯一得到澳大利亚人民认可有资格用在主人公的乔迁派对上的葡萄酒。

这里再来一个"你知道吗"，引出你在澳大利亚葡萄酒上的资历证明：澳大利亚最大的葡萄酒品牌是杰卡斯酒庄，为法国饮料巨头保乐加所有。

南非

说到南非，首先要提的就是，这个国家是新世界葡萄酒出产国里资格最老的一位。南非的康斯坦提亚产区用麝香葡萄酿造可口餐后甜酒的历史可追溯到十六世纪五十年代，到了十八世纪更是已经享誉全球。南非的酿酒师们倾向于效仿经典的欧洲葡萄酒风格，比起全方位的成熟，更注重结构和克制。同时，他们也像旧世界一样热衷于多品种葡萄混酿。与之相对，大部分新世界国家始终将注意力集中在单一品种葡萄酒上。

[①] "文化符号"（Heritage Icon）由南澳大利亚国民信托基金会支持，南澳大利亚银行每年会评选出八项具有当地独特文化属性的事物，授予其"文化符号"的称号。

南非出产葡萄酒的地区都集中在西开普省内，西至大西洋沿岸，北至开普敦市，南至印度洋沿岸。此处有相当的吹嘘空间，因为西开普省的土壤种类和小气候类型相当多，而主要葡萄品种在当地各处都有种植，很难断言某种葡萄是某一特定产区的典型品种。不过，还是要试上一试。南非种植赤霞珠、白诗南和赛美蓉葡萄的历史悠长，如今却更流行罗纳河谷的葡萄品种：红葡萄有西拉、歌海娜、神索和穆尔韦德，而白葡萄则有维欧尼、白歌海娜和瑚珊。另外，霞多丽和长相思也赶上了机缘，在当地颇受欢迎。以上都是些过于笼统的概括，凡有追求的假行家，肯定对这种过度简化的做法并不陌生。

你需要掌握其主要葡萄酒产区的基本知识，先从斯坦林布什开始。即使在酒庄高度集中的西开普省，斯坦林布什产区也是南非葡萄酒业的心脏，南非最好的红葡萄酒有部分就来自这里，大可归功于该产区让人羡慕的地理位置。斯坦林布什位于开普敦市西南，在大西洋和印度洋微风的双重吹拂下，气候凉爽。当地酒庄都偎依在山谷中或山脚下，处在各自的小气候中，如今这些山谷河地都被划分成独立的"区"，以反映该地区的多样性。第一个被如此划分出来的区是西蒙山，而班胡克是最近才划分出来的区之一。现在，白葡萄酒——霞多丽、长相思和白诗南——也受到了跟红葡萄酒同等的尊重。

在斯坦林布什北边，远离大海的帕尔区开始变得炙手可热起来，正凭借罗纳河谷葡萄品种西拉和维欧尼打响了名号。

沃克湾和埃尔金是西开普省南部两个被普遍看好的凉爽气候

产区，均钟爱勃艮第葡萄品种黑皮诺和霞多丽。

康斯坦提亚是开普敦市的其中一个下属郊区，出产一些清新提神的长相思和赤霞珠－赛美蓉混酿。与此同时，产区内的古特·康斯坦莎酒庄和克莱坦亚酒庄正在重振这块土地的名产——甜型麝香葡萄酒。

说到房间里的大象（对一个非洲国家来说十分合适的比喻），那就是皮诺塔吉。这个南非独有的葡萄品种，在酿酒观点上引发了一个葡萄品种所能引发的最大分歧。1925 年，斯坦林布什大学的首位葡萄栽培学教授亚伯拉罕·伊扎克·佩罗德将个性颇为无常但美味可口的黑皮诺与朗格多克的葡萄劳模神索杂交，创造了皮诺塔吉。皮诺塔吉名字中的"塔吉"，来源于神索葡萄在南非的别名——人们有时将神索叫做艾米塔吉。

好的皮诺塔吉葡萄酒会引爆味蕾，你会尝到多种黑色水果风味、转瞬即逝的烟熏味和一闪而过的香料味，偶尔还有热带水果香气（连香蕉味都有），提醒我们这种葡萄是非洲特有的品种；不好的皮诺塔吉葡萄酒则会散发出一股橡胶和丙酮的气味，闻着跟强力胶一样。觉得自己可以驾驭皮诺塔吉的酿酒师，会称颂皮诺塔吉为南非的王牌；害怕搞砸的酿酒师，则认为皮诺塔吉充其量就是个不定因素而已。你可以指出，人们对巴尔斯克鲁夫酒庄和炮鸣之地庄园这两家出产顶级皮诺塔吉葡萄酒的酒庄进行过研究，从而加深了对这种葡萄的认识，并进一步了解到如何去除难闻气味从而酿出风味惊人集中的葡萄酒。

你应该将使用开普传统法（Méthode Cap Classique，MCC）

酿造的葡萄酒视为南非的成功案例。MCC 发明于 1992 年，指采用传统酿造法并在瓶中发酵的起泡酒。顶级的南非起泡酒产商包括布朗庄园、庞格琦酒庄、恩伯格酒庄和格林汉姆·贝克酒庄。

不要将当代南非酿酒师们称为"开普十字军"。所有这么干的人似乎都觉得是自己首创了这个词，然而并不是，该词是被世界各地葡萄酒杂志大标题滥用最多的词。

新西兰

下次遇到有人歌颂新西兰的长相思葡萄酒——此类情况会经常发生——先称赞他们品味好，然后立马拆台，唱起一曲对新西兰黑皮诺葡萄酒的颂歌，大赞其"必是下一波潮流"。不要具体说明这波潮流什么时候会实现，也许永远不会发生，所以活在当下就好。这就是发表权威见解的奇妙之处：等到有人做出判断，发现你从始至终都是正确的，抑或只是个彻头彻尾的假行家，你人早已经不知去向了。重点在于，在那之前，在葡萄酒这个话题上，你已经为自己树立起特立独行的形象，一个跳出传统思维框架去喝酒的人。

不管怎样，先来点关于新西兰长相思葡萄酒的情报，你肯定不想只放空枪。二十世纪八十年代，从卢瓦尔河谷的桑塞尔和普宜菲美所产的极干型长相思白葡萄酒中汲取灵感之后，新西兰版本——摘下还未完全成熟的长相思葡萄，放入不锈钢中低温发酵，然后早早装瓶——横空出世，像一记耳光那样甩在了旧世界的脸上。形容新西兰长相思时，常用的词汇是青草香或荨麻味

（用"草本香味"的话能获得额外加分），其中的醋栗味堪比激光制
导，拥有让舌尖发麻的精度。

如你所知，新西兰的国土由北岛和南岛两个主要岛屿组成，
其中南岛的气候更加凉爽。正因如此，你会发现北岛出产的长相
思葡萄酒馥郁醇厚，是热带水果风味，还带有些许百香果的香
气；而南岛出产的长相思葡萄酒则劲酸脆爽，是新鲜醋栗风味。

在各种各样的葡萄－产区搭档中，如同长相思－马尔堡这样
的天作之合寥寥无几。马尔堡产区位于南岛的东北端，享有温和
的海洋性气候。最初，新西兰葡萄酒业完全只在北岛发展，南
岛的气候被认为过于凉爽。世界真是变得飞快。马尔堡产区直到
1973 年才开辟第一个商业葡萄园，可如今已是新西兰最大的葡萄
酒产区，坐拥新西兰近半数的葡萄园，该地种植的长相思葡萄则
占全新西兰产量的三分之二。

即使是坚定的啤酒爱好者也听过新西兰的招牌——云雾之湾
长相思葡萄酒，但很少有人知道它的同母姊妹——蒂蔻蔻。而
你，当然要声明自己更偏爱后者，爱它在昂贵的新橡木中陈年而
获得的馥郁醇厚风格和奶油般质地。至于普通的云雾之湾，你可
以指出它在橡木中陈年的时间极短。

说到口感柔顺、带有红色水果香的新西兰黑皮诺葡萄酒，必
提马丁堡、怀帕拉谷和中奥塔哥产区。在这三个产区中，中奥塔
哥产区最好认，它是全球地理位置最南的葡萄酒产区。

北岛上其他值得一提的产区包括：霍克斯湾，它是新西兰第
二大葡萄酒产区，以出产梅洛葡萄酒和波尔多风格的赤霞珠葡萄

酒而获得良好声誉；吉斯本，气候炎热而潮湿，是新西兰第三大葡萄酒产区，自封为"新西兰霞多丽之都"。

作为霍克斯湾唯一的次级产区，英文名称押头韵的吉布利特砾石区相当耀眼，值得好好讲讲，哪怕只是为了赞美一下那里排水能力得天独厚的土壤。就算只有水管工和酿酒师们会对排水这种话题兴奋不已，也不得不说，葡萄的确喜欢砾石。砾石无疑没有给波尔多左岸带来丁点坏处，连格拉夫这个产区的名字都源于法语中的"砾石"一词。基本上，稳定适中的水分供应会限制葡萄藤的生长，降低其产量却提高果实的浓度和质量；在轻微水分亏缺的情况下，则会结出相对较小的果实。这，是件**好事**。如果有人问为什么，耐心地解释：如果不让葡萄果粒长得过大，就能保持较高的果皮－果肉比，与色素、风味有关的化合物主要集中在葡萄皮中，如此一来，便不会被稀释，原理显而易见。顺带一提，吉布利特砾石区出产品质尤其好的西拉。

新西兰葡萄酒仍继续享有与一个知名啤酒品牌同等的声望，即"让人放心的贵"。

新西兰出产的葡萄酒仅占全球产量的不到百分之一（低于罗马尼亚），然而质量却普遍很高。两个因素叠加起来，在供求规律的作用下，造成新西兰葡萄酒在英国的平均售价最高，比其他国家出产的葡萄酒高出约 40％之多。在 2008—2009 年，新西兰的葡萄产量连续两年打破纪录。有人可能会指出，正是因为新

增种植过多，导致新西兰葡萄酒首次大减价销售。不过到目前为止，新西兰葡萄酒仍继续享有与一个知名啤酒品牌同等的声望，即"让人放心的贵"[①]。

开心时和悲伤时，我都会喝；偶尔独自一人时，也会喝；有人相陪时，我认为是必须喝的；不饿时我用它打发时间，饿了就喝掉。除此之外，我决不会碰——除非我渴了。

——堡林爵夫人

香槟和其他起泡酒

香槟正是为炫耀而生，使其成为对假行家们而言的完美饮料。拿"军刀开瓶法"举例：在拿破仑的军队造访香槟区时，一种用军刀开香槟的朴素手艺流行开来。一只手握住酒瓶，瓶口对外，另一只手反手握住佩刀，刀背朝前，顺着瓶颈的方向挥一下，刀身击中瓶口之后，圆环、瓶塞和部分瓶颈便同酒瓶分了家。呜哈！拿破仑自己是这样评论香槟的："胜利时，你值得来杯香槟；失败时，你需要来杯香槟。"不过，你可能永远不想光为了一杯香槟，眼睁睁地看着自己的大拇指指尖掉进一堆泡沫和碎玻璃里面。虽说如此，身为假行家，你也必须宣称这就是纯粹主义者的开瓶法，但别在家尝试就行。

你和已故的乔治·贝斯特[①]都知道，香槟不仅仅只是一种饮

[①] 乔治·贝斯特是北爱尔兰著名足球运动员，职业生涯的黄金时期效力于曼联。酗酒、好赌等陋习摧毁了贝斯特的职业生涯，他甚至因长期酗酒而肝硬化，不得不接受肝移植手术。贝斯特曾称："我戒过酒，就在我睡觉的时候。"

料，它还是一种花钱如流水的生活方式。假设觥筹交错之时，你身边围绕着一群聚精会神的听众，此时不妨强调一下你在奢靡享乐上的专业程度，引用已故的伟大女性堡林爵夫人[1]说过的话："开心时和悲伤时，我都会喝（香槟）；偶尔独自一人时，也会喝；有人相陪时，我认为是必须喝的；不饿时我用它打发时间，饿了就喝掉。除此之外，我决不会碰——除非我渴了。"

何等妙女子也！

香槟侍酒

第一印象是相当持久的。因此，若你手边没有军刀，又不想把自己搞成香槟查理[2]，那么要打开一瓶起泡酒，最佳方式如下：剥下箔纸，取下绑在软木塞上的金属丝罩，以45°角握住瓶身，远离眼睛和任何易碎物品；然后一只手压住软木塞不动，另一只手则轻柔地扭动瓶身，使软木塞微微向侧面倾斜，让二氧化碳气体得以平缓释出（发出的声响要犹如叹息般轻柔，而非一声毫无高雅可言的巨响）。在此之前，要确保这瓶酒已经在冰箱里放了至少两个小时（没有哪种东西会比一瓶温香槟更疯狂地冒泡）。这样不仅可以避免造成伤害，还能避免过早喷泻的尴尬。

在倒酒之前，用一张干净的全白织锦手帕包住瓶身以遮住酒标，这是因为：一，自夸有失礼数；二，也许这支酒根本不是香

---

[1] 指法国著名香槟产商堡林爵酒庄1941—1971年间的掌门人莉莉·堡林爵。
[2] 指1866年英国剧场演员乔治·利伯恩创作的首支歌曲《香槟查理》。这首歌非常受欢迎，人们从此以后都用"香槟查理"来称呼利伯恩。

槟。多数是出于后面的原因才需要遮住酒标。倒酒时，首先倒至酒杯的四分之一处，等待泡沫退去，再加满，要留下足够的空间"用鼻感受"这神圣的琼浆玉露。为了增强吹嘘效果，可像一名侍酒师那样，将大拇指放在酒瓶底部的凹陷（碹底）内来托住瓶身。跟广为流行的看法相反，碹底不是缺斤短两、占你便宜，而是为了进一步加强厚玻璃的稳定性。你可以在此指出，瓶底的厚玻璃需要承受的压力，相当于伦敦双层巴士轮胎所受到的压力。

　　另外请记住，若在倒起泡酒时用的是一支浅碟香槟杯（或称香槟碟），那以上所有的排场和阵势就全都白费了。浅口的设计会：第一，紧贴你的掌心，从而导致香槟升温；第二，使泡沫迅速消散。一支瘦高纤长的笛形杯可以同时修正这两点。注意，对于怎样才是往笛形杯里倒酒的正确方式，人们各持多种观点。部分人喜欢使用这个广为流行的方式：直接从上往下倒入垂直竖放的酒杯之中，这样一来产生的气泡量最大。然而，法国最近的一项研究显示：若将香槟（以一个角度）沿着杯壁倒入，相比从中间倒入，能留住更多的二氧化碳（气泡），总量最高可达后者的两倍。研究者认为，这是由于香槟液体以一个更和缓的倾泻速率（即放慢速度）撞击在了酒杯上。更重要的是，这样你喝到的酒也更多。

香槟酿造

　　要在香槟这个话题上假充行家，你需要一本法语词典。首先，在法语中，"Champagne"指"香槟酒"时，其词性为阳性，写作"le Champagne"；而指"香槟大区"时，其词性则为阴性，写作"la Champagne"。在你欣赏手中笛形杯里升起的细密泡沫时，可以留意一下这个法语中有趣的不规则变化。对于香槟，你要给自己储备的法语专业术语比其他任何一种葡萄酒都多。

香槟的酿造法被称为传统法（méthode traditionelle），也叫经典法（méthode classique）。出于欧盟规定，该酿造法已不再被称为香槟法（méthode champenoise）。从根本上说，这种酿造法就是在葡萄酒装瓶后，在瓶中进行二次发酵，香槟里的气泡便是由此而产生的。

酿酒师会从一大排被称为"基酒"的静止葡萄酒开始，按照适当比例把这些"基酒"混合在一起，得到符合酒庄标准风格、被称为特酿（cuvée）的一种混酿葡萄酒，此过程被称为调配（assemblage）。著名的石灰质土壤，再加上香槟产区的地理位置——法国位置最北的法定产区（这是有益你侃酒的小贴士）——确保了所有基酒都具有对于起泡酒酿造来说必要的高酸度。说明一下，正因为香槟酒是一种混酿酒，所以味道并不像静止酒版本的霞多丽葡萄酒再加点汽。你可以试探性地提出，香槟山坡产区出产的静止葡萄酒是最有说服力的论据，正是它让人牙齿发酸的超高酸度，香槟才得以嘶嘶冒泡。

装瓶后，向混合后的基酒中加入再发酵液（liqueur de tirage），这是一种由新酒、糖和酵母组成的混合物。添加后将催生第二次发酵（prise de mousse），这个术语的字面含义为"捕捉气泡"，这一过程通常持续约三到五年，在此期间，会用易拉式瓶盖（bouchon de tirage）临时封住酒瓶。酒与分解中的酵母接触的时间越长，就能获得越多死去酵母细胞的风味（美味），此过程被称为酵母自溶。如果一瓶香槟展示出了成熟香槟酒才具有的面包、饼干和奶油蛋糕风味，你可以发出如下感叹："啊，一瓶自溶得十分漂亮的香槟！"

在第二次发酵期间，每一支酒瓶都会从开始时的水平放置一点点倾斜至竖直倒放，使得所有黏糊糊、脏兮兮的"酒泥"（已死和将死的酵母细胞）聚集到瓶颈处。这一过程被称为转瓶（remuage），传统上会由一名身着白色外套、被称为"转瓶工"（remueur）的男子完成。转瓶工会手动逐一抬高每支酒瓶的底部，同时快速而小幅度地旋转一下瓶身，促使酵母细胞沉入瓶颈。一位熟练的转瓶工一天可以搞定高达五万支酒瓶。不过，如今绝大多数产商都采用了西班牙卡瓦起泡酒行业开发的大型转瓶机，交由这种全自动瓶架来完成转瓶流程。

一旦酵母细胞都已沉降到瓶颈里，这瓶酒就会被认定跟酵母待在一起的时间已经足够长，是时候除渣（dégorgement）了。将瓶颈插入冰冷的盐水溶液中，死亡的酵母细胞会结成冰堵，然后去除易拉式瓶盖，冰堵便在压强的作用下喷出。最后一个步骤是逐瓶补充添加调味液（liqueur d'expédition）——一种静止酒和蔗糖的混合液体，这道工艺被称为补液（dosage）。补充的量越大，香槟也就越甜。一切完成之后，使用软木塞和金属丝罩封住瓶口。

至此，香槟酒之所以昂贵的原因应该一目了然了吧。若下次还有谁抱怨价格，你手头就有充分的论据来解释说明。这一策略有风险，因为你并不希望自己被误认为是银行家或对冲基金经理，不过你可以暗讽发问的人对成本斤斤计较，但对价值则一无所知。你也可以不情愿地让步，承认整个酿造流程中效率最低但成本最高的转瓶步骤纯粹就是装点排场，只是为了避免香槟酒变得浑浊而已——但谁又想喝浑浊的香槟酒呢？你都欣赏不到泡沫（mousse）了。

虽然存在一定差距，但在起泡酒酿造上第二好的方法是查玛法（charmat），又名大槽法。酿造时，包括最终装瓶在内的一切都在一个加压密封罐中完成。这种方法成本更低、耗时更短、劳动密集程度也更低，但只存在一个问题：你能品尝到里面的爱吗？

更加廉价的办法是应用于带汽软饮料生产的注入法，又名"打气筒"法，深受酒徒中的守财奴和连工业酒精都能喝下肚的那部分人欢迎。酿造时，二氧化碳气体会从气罐中被注入装着葡萄酒的密封罐中，然后在压力下将酒装瓶。用此方法生产的起泡酒，在刚刚倒出时会产生许多大气泡，很快便会消失殆尽，留给酒徒的只有失望，以及跟手中没了汽的"起泡酒"同样的空虚乏味。此方法广泛用于生产名为塞克特的德国干型起泡酒。塞克特的干，让人虚弱。据说，当年威廉二世亲自给俾斯麦倒了一杯，而俾斯麦则回复道："很抱歉，皇帝陛下。我的爱国心叫停了我的胃。"尽管酿造工业规模产量的塞克特起泡酒，德国却是最大的香槟酒进口国之一。

总的来说，若你没在瓶身上看见传统法或经典法的法语标识"méthode traditionelle"和"méthode classique"（或其对应的英文标识"traditional method"和"classic method"），那就把这瓶酒当做"野餐小酒"，并且以相应的态度和礼仪饮用——基本上跟撕下一张街边小广告差不多。不过，意大利的普赛克起泡酒算是此类型中的例外，值得致以敬意。

香槟种类

首先，香槟可分为非年份香槟（Non-Vintage，NV）和年份香槟。非年份香槟（占大多数）由多个年份的葡萄酒混酿所得，而年份香槟则只含单一年份的葡萄酒。我们付钱买的并不是年头，而是一个特定年份的认知品质[①]，这就是为何年份香槟不需要很老就可以开出惊人的高价。实际上，酒龄达到大约十五年以后，香槟就会转变为太妃糖样的深色，带有一种蜂蜜的味道，一旦倒出，很快便会失去光泽和气泡。你可以解释说，这是一种后天习得的欣赏品味，法国人戏称为"英式品味"（le goût anglais），显然是因为英国人对这种事十分在行。

其次，香槟可分为干型或甜型，但香槟自有一套古怪的命名体系，要想搞清楚，你需要的不仅仅是一本专业词典，还要主动搁置怀疑[②]。若酒标上写有"Brut"（天然）字样，则表示这瓶

[①] 认知品质，市场营销术语，指针对某一产品或服务的质量，消费者产生的主观认识和感知。

[②] "主动搁置怀疑"（Willing Suspension of Disbelief）这一概念由诗人塞缪尔·泰勒·柯尔律治于1817年创造，尤指为了欣赏虚构的小说或戏剧，暂时放下逻辑和现实，接受非现实的离奇事件和人物。

香槟是干型，但基本不会是极干型。若要极干型香槟，你需要找到标有以下字样的酒标："Extra Brut""Ultra Brut""Brut Sauvage""Burt Zero"或"Zero Dosage"（意为"不加糖"）。奇怪的是，"Extra dry"（绝干）却表示比"Brut"（天然）略甜的干型。另一方面，虽然"干型"在法语中写作"sec"，然而标有"sec"字样的香槟通常都挺甜的，相当于半干型。这个体系一点逻辑都没有，所以你吹起牛来肯定能如鱼得水：首先搞得大家一头雾水（扮黑脸），然后再扮演热心肠专家（扮白脸），带领他们走出这片雷区。

有意指出大部分人都会表示自己更喜欢干型葡萄酒，因为觉得这能让自己看起来成熟深沉，然而一到盲品，人们经常会表现出对半干型或半甜型的偏爱。如果有人抓着这一点不放，你可以这样解释：这种情况经常发生在多个焦点小组参与饮料新品的品尝测试中。举个例子，正是由于这个原因，某些苹果酒品牌会将自己的半甜型苹果酒标为干型，就为了吸引这帮假装深沉的人。

若你正参加一场婚礼，或是身处任何供应蛋糕的庆典上，那请哀叹这个事实——现场很难找到真正的甜型香槟（酒标上标有"doux"或"riche"）。要搭配蛋糕和甜点，甜型香槟才更妙。难道不是吗？

如你所知，有三个指定的葡萄品种可以用来酿造香槟酒。三种葡萄各司其职：霞多丽葡萄增添优雅和精致，黑皮诺葡萄赋予

酒体和劲道，莫尼耶皮诺葡萄则带来新鲜和清新。在香槟生产中，普遍认为布朗丘产区出产的霞多丽葡萄最好，黑皮诺葡萄则以兰斯山脉产区出产的为最佳。其中，布朗丘产区位于埃佩尔奈北边，而兰斯山脉产区则跟英国的诺福克郡一样多山。

显而易见，霞多丽是白葡萄，而其余的两种则是红葡萄，或者用香槟的术语来说，是"黑葡萄"。因此，白中白（blanc de blancs）指酒体轻盈的香槟类型，只含霞多丽葡萄；黑中白（blanc de noirs）则指酒体更为饱满的香槟类型，颜色虽浅，但全由黑葡萄酿造而成——实现方式是在酿造过程中尽量将鲜榨葡萄汁和含有色素的黑色果皮隔离开来。多数桃红葡萄酒都通过控制该浸渍过程酿造而成，但也有极少数通过在混酿中加入少量（soupçon）红葡萄酒酿成。务必指出，粉色的香槟酒就属于后者。

知道这点的人可不太多。

最令人垂涎的（也是最为昂贵的）香槟酒被称为豪华特酿（de luxe cuvées），或顶级特酿（cuvées de prestige）。这种酒就是寡头、足球运动员、银行家和说唱歌手的漱口水，是他们炫耀性消费的公开声明。一支豪华特酿香槟的价格，足够你买两三支无年份香槟。那么，那支名贵酒瓶里装的东西真的配得上它奢侈花哨的包装吗？

身为一名品位高雅且味觉敏锐的葡萄酒假行家，你必须辩说它就是一分钱一分货。以下是你需要的论据：豪华特酿的产量非常有限，因其只采用顶级葡萄园内品质最佳的葡萄首次压榨所得到的葡萄汁，或者使用初榨葡萄汁所酿的葡萄酒或头等特酿（tête de cuvée）作为基酒（头等特酿的字面意思是"混酿之首"）。相较于后几轮压榨，初榨葡萄汁中几乎不含粗糙的单宁酸，因此用以酿出的葡萄酒更为优雅和精致。

最早推出的顶级特酿分别是路易王妃出产的水晶香槟和酩悦香槟的唐培里侬香槟（行家会称其为"DP"）。不过，如今所有知名的香槟酒庄都会推出至少一款"顶级香槟"。其中让人印象深刻的酒款包括泰庭哲的香槟伯爵、库克的陈年香槟、宝禄爵的丘吉尔、凯歌的贵妇、巴黎之花的美丽时光以及堡林爵的"RD"。众所周知，RD 是新近除渣（récemment dégorgé）的法语首字母缩写。这种香槟在上市前最后一刻才进行除渣工序（除去酒泥），似乎可以保持住香槟的新鲜和果味，不论其酒龄几何。

根据官方说法，水晶香槟诞生于 1876 年，是路易王妃酒庄专为沙皇亚历山大二世打造的酒款。据说这位统治者坚持使用完全透明的玻璃酒瓶，好可以清楚看见自己在喝什么（出于种种原因，头戴皇冠之人一贯会感到不安）。当初的透明瓶身，如今已成为水晶香槟的标志。后来，嘻哈群体热烈追捧水晶香槟，并热衷于让全世界看到他们在喝什么。但很快，说唱歌手们又像扔下一个烫手山芋一样，纷纷抛弃了水晶香槟。

一切起源于路易王妃酒庄总部发表的言论，被认为太过无礼从而引发众怒。据说，其总部暗示，"不欢迎"自家酒款与嘻哈文化产生关联（后又否认）。这事相当意味深长，一个给水晶香槟起了个"晶仔"的浑名、在酒瓶里插吸管的文化群体，声称感到自己被前者冒犯了。你或许从你的 DP 中知道了你的 RD，但若你想和年轻人打成一片，还得清楚说唱歌手们很快便有了新宠——黑桃 A 香槟（瓶身是低调奢华的金色）。

逐渐喜欢你

整个香槟行业由多家被称为"大牌"（les grandes marques）的显赫酒庄所统治，这些酒庄绝大多数都位于法国埃佩尔奈和兰斯（看到其法语原文时，切记不要用英语的方式拼读）。而你，要清楚地指出，这个高端俱乐部仅仅拥有当地很小一部分的葡萄园，他们大部分的葡萄是通过向第三方采购而得，即当地 15 000 家左右的小农户。

正因你从来紧扣时代脉搏，所以还会指出，近来香槟最为重要的发展之一就是自产、自酿、自销的普通葡萄种植者正不断增多。这种类型的香槟酒被毫不意外地命名为"小农香槟"，目前占香槟总体销量的四分之一。此处注意，若发表评论说它们比一众大牌更为"风格鲜明"，不但不会有人反驳你，甚至合乎礼节（de rigueur）。你可以通过酒标上的大写字母"RM"来识别这些葡萄酒中的特立独行者。说明一下，"RM"代表"récoltants-manipulants"，意为"自己酿造葡萄酒的种植者"；与之相对的是"NM"，代表"négociants-manipulants"，指"购买他人种植的葡萄来酿造香槟的酒商"，比如那些"大牌"。

最后说说最新（2008 年）颁布的决议。此决议本单纯旨在扩张香槟产区的边界，但你对此的观点是喜忧参半。发表如下看法：一方面，该决议无情地嘲讽了将土地奉为神圣并和指定葡萄酒绑死的原产地命名体系；但另一方面，它的意图十分可疑，会让人怀疑是为了迎合寡头们的巨大需求。不过话说回来，如果这意味着每年会有更多起泡酒上市，那谁又会抱怨呢？

其他起泡酒：旧世界

只有产自香槟区的起泡酒才能被称为香槟，若把其他起泡酒也叫成"香槟"，或许你就得上交自己的"行家"身份徽章，当场打道回府。这世界上的确存在别的起泡酒，而且其中相当一部分是使用与香槟完全相同的传统法酿造而成。在这个话题上，你要怎么说取决于你的银行账户。若负担得起定期购买香槟的开销，那你就可以声称香槟无可替代。若能用在起泡酒上的预算较为有限，那你可以开个同音玩笑：起泡酒的最佳替代品是一根火柴[1]——当然是针对非年份香槟而言——而且价格十分贴心。这就是所谓的进可攻、退可守，政客们一直以来也都这么做。

法国起泡酒

如果你有笔预算，打算购买法国出产的起泡酒，那就留神下写有"Crémant"字样的酒标，这个词意为"法国起泡酒"，专指产自香槟产区以外的地区、使用传统法酿成的干型起泡酒。诚

---

[1] 起泡酒的英文为"sparkling wine"，其中"sparkling"一词的词义除"起泡的"之外，亦可指"发光的"。

意推荐下列酒款：北罗纳河谷出产的德蒂汽酒，主要由白葡萄品种克莱雷特酿造而成；卢瓦尔起泡葡萄酒，一般由白诗南葡萄酿造；波尔多起泡葡萄酒，酿酒葡萄通常是赛美蓉或长相思；阿尔萨斯起泡酒，通常用白皮诺葡萄酿造，有时会用霞多丽葡萄；朗格多克出产的利穆汽酒，由霞多丽葡萄和白诗南葡萄酿造而成；还有勃艮第起泡葡萄酒，它甚至同时采用了霞多丽和黑皮诺这两种香槟所用的酿酒葡萄品种。对于上述这几款起泡酒，若你在倒酒时用手里的纸巾盖住酒标，可能有些甚至会被人当成"正品"。这对顶级的英国起泡酒也适用，它们在盲品测试中一向发挥稳定，得到的分数高过香槟。

卡瓦

谈到西班牙卡瓦起泡葡萄酒时，你可以这样说明：卡瓦由传统香槟酿造法酿制，但主要酿酒葡萄品种是白帕雷拉达、马卡贝澳和沙雷洛。霞多丽葡萄也逐渐成为其中一个选择，近来还出现了几款单由霞多丽一种葡萄酿造而成的卡瓦起泡酒。与此同时，黑皮诺葡萄也被允许使用于酿造越来越受欢迎的桃红卡瓦。

卡瓦在西班牙各地都有生产，但主要集中在加泰罗尼亚的佩内德斯产区，由两大产商主导：其一是菲斯奈特（加泰罗尼亚语读作"弗蕾雪奈"），招牌酒款是装在全黑磨砂瓶中的黑牌起泡酒；其二是科多纽，热衷使用非本地葡萄酿酒。好好讲讲科多纽安娜桃红起泡酒，这是一种混酿葡萄酒，以黑皮诺为主，混合少量霞多丽。最后，用这个意料不到的事实惊掉你朋友的下巴：科多纽是全球最大的传统法起泡酒产商——比任何一家香槟产商都大。

菲斯奈特和科多纽就是卡瓦界的福特和通用，而若是一一报出以下高端产商的名字，你还能获得大量加分：格拉莫娜、曼尼斯特洛、帕尔赛特、沛瑞拉达、简雷昂、维达斯（菲斯奈特旗下品牌）和若曼达（科多纽旗下品牌，是少见的100％使用霞多丽葡萄酿造卡瓦的制造商）。说到这里，你开始讲讲自己在巴塞罗那的兰布拉大道上小酌这些宝藏品牌的起泡酒时是如何的惬意，然后再哀叹一出西班牙就很难找到它们的踪迹了。

若有人对卡瓦嗤之以鼻，告诉他们是时候重新审视自己的偏见了：产量下降和更长的瓶内陈酿时间正稳步提升酒的质量。接着暗示这些人，他们以前喝到的卡瓦起泡酒可能已经过了最佳状态，卡瓦的最佳状态肯定是果味十足的新酒时期。

普赛克

意大利的普赛克起泡酒主要采用查玛法酿造，即第二次发酵会在一个大密封罐中进行。别听到这一点就失去了兴趣。普赛克是意餐餐前酒的绝佳选择，主要产自威尼斯以北的瓦尔多比亚德尼－科内利亚诺一带。你这样的引领潮流之人肯定知道，普赛克的销量近年来屡创新高，越来越多的人被其单纯不做作的魅力所征服。此外，你肯定也清楚，不是所有的普赛克都会起泡。你可以将普赛克酿成十分无聊的静止葡萄酒，但只要给了它汽——这才是常态——就必定会嘶嘶起泡（同时闪闪发光）。

一旦有人告诉你称"普赛克"既是葡萄酒的名字，同时也是酿酒葡萄的名字，马上纠正他们。拿出你最迁就的态度，告诉这些人：是的，的确可以这么说，但最近（2009年）这种葡萄被重新命名为"歌蕾拉"了。这一切背后的居心？现在普赛克是酒的专属名称，仅限指定产区威尼托和弗留利使用。在规定产区之外，使用同种葡萄酿造的任何葡萄酒都只能叫做歌蕾拉，但又有谁会想喝名字听着像是某种窗户清洁剂的东西呢？

与香槟相比，普赛克既便宜又好喝。它轻盈、清新，有时芳香扑鼻，带有苹果和梨的果味。普赛克默认是半干型，真正的干型相当少见。行家如你，当然知道酒标上的"frizzante"字样意为"半起泡"，而写有"spumante"则意为"气泡全开，噼啪作响"。此外，跟卡瓦类似，要特别小心任何酒龄超过两年的普赛克。

让人一听就来劲的普赛克品牌名包括比索、卡玛、阿达米、鲁杰里、扎德托、勒柯居和尼诺-弗兰柯。

又有谁会想喝名字听着像是某种窗户清洁剂的东西呢？

普赛克的果味在经典贝里尼鸡尾酒里体现得淋漓尽致。千万别傻兮兮地用香槟，香槟的酵母味和饼干味——对了，要说其"自溶性"特质——会压过基底轻盈的清新桃子味。告诉你认真的听众，贝里尼鸡尾酒诞生在威尼斯小城中传奇的哈利酒吧内，在战争的间隙里，酒吧老板朱塞佩·西普里亚尼发明了这款鸡

尾酒。

一杯正宗的贝里尼鸡尾酒由一份白桃果泥加上两份普赛克搅拌均匀制成，其上还放有一片桃子果肉。"贝里尼"这个名字则来自威尼斯画家乔瓦尼·贝里尼，他的画作以色调华美闻名于世。最原始的配方还包括加入少量树莓或樱桃汁，使酒呈现出一种玫瑰粉的色调。

虽然十分美味，但如今贝里尼鸡尾酒已经有点老土了。紧跟潮流的假行家更喜欢用普赛克兑阿佩罗利口酒（有几分像轻量版的金巴利利口酒），做一杯阿佩罗气泡鸡尾酒。据阿佩罗的好心人说，这种粉红色调、果味十足的半干型意式餐前酒风行整个意大利北部，光威尼托一个地区每天就会消耗约 300 000 杯。两份阿佩罗加上三份普赛克（可选择添加少量苏打水），一口下去，生命重现光辉。

最后，不要（又）忘了留意英国产的起泡酒，然后义正词严地声称其在盲品测试中一贯表现优异。

其他起泡酒：新世界

新世界拥有香槟区没有的一项特质，那就是葡萄的成熟十分稳定，年年的品质都几乎相同。这要归功于新世界更为温暖的气候，然而该特质也可以是把双刃剑。在新世界，气候再凉爽也凉爽不过香槟区，因此种植者不得不掌握精准的平衡：若提前采摘葡萄，可以留住必需的酸度，但风险是酿出的葡萄酒或许会带上未熟的"生青"味；若迟些采摘，葡萄会更为成熟，但风险是酿出的葡萄酒酒精过量，酸度却不足。因而在新世界，比起静止葡萄酒生产，起泡酒酿得更多，而凉爽气候产区正是其酿造的圣杯。

那么问题就来了，哪些新世界起泡酒可以脱颖而出，让假行家们自信开瓶呢？符合要求的相当多，而其中的顶级酒款，很多产自香槟帝国的一众前哨基地，或是与当地生产商联合成立的合资企业。

澳大利亚有两个潜力最为巨大的产区，分别是气候相对凉爽的亚拉河谷产区，位于维多利亚；以及比前者还要凉爽的塔斯马尼亚产区，特别是其子产区塔玛尔谷和笛手河。塔斯马尼亚产区的起泡酒已然获得了极高评价，因此很多澳大利亚起泡酒产商都会采购塔斯马尼亚葡萄酒作为基酒，来中和自家混酿的酸度。值得留神的塔斯马尼亚酒庄包括笛手溪、火焰湾和简茨。其中，简茨最初是由香槟酒商路易王妃成立的合资酒庄。

再说回澳大利亚大陆，酩悦香槟是此处第一个吃螃蟹的香槟酒商，它于 1987 年在亚拉河谷创立了夏桐酒庄。在英国，该酒庄出产的葡萄酒以"绿点"这个高评级品牌为名进行出售。同样值得一提的澳大利亚起泡酒酒款还有科罗瑟，由位于阿德莱德山产区的葡萄之路酒庄出品；以及塞林杰，由巴罗萨谷产区的沙普酒庄出品。

若你掏出一瓶西拉子起泡红葡萄酒，将不出意外地收获一大堆"哇噢"和"啊呀"。这种独特的起泡酒多为半甜型，酒精含量相对较高。它的历史可追溯到十九世纪的维多利亚，当时还被人们称为"起泡勃艮第"。这款葡萄酒在二十世纪八十年代迎来了一次复兴，很难找到比它更具二十世纪八十年代风格的葡萄酒了。最好的产商会采用传统法进行酿造，其中包括位于维多利亚的子产区巴罗萨谷的兰迈酒庄，该酒庄声称拥有全世界最古老的西拉子葡萄藤，栽种于 1843 年。至于你，已经对这个故事耳熟能详：十九世纪末爆发的根瘤蚜灾害毁灭了欧洲当时绝大多数的葡萄藤。

　　位于澳大利亚南边，与其隔海相望的新西兰整体气候更为凉爽，因此能更好地提供对起泡酒酿造而言倍加珍贵的酸度。在新西兰南岛，马尔堡产区从二十世纪八十年代初开始就在源源不断地出产优质起泡酒。鹦鹉螺、云雾之湾罗盘系列和德尔兹马尔堡特酿（对，就是香槟酒商的那个德尔兹）的任何一瓶葡萄酒你都可以放心大胆地随便开，保准让人赞叹。林达尔也在此列，虽然他家的葡萄酒均产自北岛的奥克兰产区，起泡酒也并非全部都经过传统法的瓶中发酵流程。林达尔干型和顶级特酿林达尔富丽的价格虽然亲民，但都采用历史悠久的方法酿造，非常值得一试。

　　说起如今的新西兰起泡酒，当红新款是长相思起泡酒——没办法，该来的还是会来的，对不对？这种葡萄酒口感爽脆又清新，风格随和而日常。对于到底是不是搭了它的便车才让过剩的长相思葡萄得以消耗，陪审团目前还在讨论中。

　　再讲讲美国加利福尼亚，值得特别留意的产区包括位于北门多奇诺的安德森山谷、索诺玛县的俄罗斯河谷以及横跨索诺玛南端和纳帕谷的卡内罗斯。路易王妃曾在当地做过大量调研，之后选中安德森山谷设立了路易王妃酒庄，它出产的桃红葡萄酒尤为优质。

　　加州酿造起泡酒的历史悠久，可以追溯到十九世纪九十年代。在这块土地上，酩悦香槟是第一个吃螃蟹的香槟酒商，于1973 年在纳帕谷建立了香登酒庄。玛姆香槟也选中了纳帕谷（玛姆纳帕酒庄），而香槟酒商德尔兹去了圣芭芭拉（德尔兹世家酒庄），白雪香槟挑了索诺玛（派珀索诺玛酒庄），泰庭哲则看中了卡内罗斯（卡内罗斯酒庄）。与此同时，纳帕谷的世酿伯格酒庄出产的起泡酒一直是全美最佳之一。

　　最后说说南非。1992 年，南非发明了"开普传统法"（MCC）这一术语，专门用于描述开普角出产的经过瓶中发酵的起泡酒。顶级南非起泡酒产商包括：具有匈牙利血统的庞格琦，位于斯坦林布什；恩伯格酒庄，位于康斯坦提亚；格林汉姆·贝克酒庄，位于斯坦林布什和罗贝尔森；皇冠酒庄，位于图尔巴；以及布朗庄园和上加布里埃尔酒庄，这两家都位于弗兰谷产区。弗兰谷（Franschhoek）的字面意思是"法国角"，而上加布里埃尔旗下的品牌皮埃尔 - 茹尔当，便是以第一个在此定居的法国胡格诺派信徒农民之名命名的。

　　那帮法国人跑得到处都是。

　　明了于干型菲诺雪利酒那特有的咸腥味只能后天培养才能喜欢上，你若还希望展现一个成熟深沉的形象，起码也得装出喜欢它的样子。

加 强 酒

雪利酒（Sherry）

对于有追求的葡萄酒爱好者来说，对雪利酒有了解、能欣赏，就好比胸前佩戴了一枚表明"行家"身份的徽章。因此，明了于干型菲诺雪利酒那特有的咸腥味只能后天培养才能喜欢上，你若还希望展现一个成熟深沉的形象，起码也得装出喜欢的样子。当然啦，你还必须将其冰镇后侍酒，也许再配上一碟咸杏仁，或从骨头上细致切下的伊比利亚火腿切片。

你还需要知道，"雪利"是"赫雷斯"（Jerez）的英语化写法。赫雷斯是西班牙安达卢西亚的一个城市，雪利酒生产的心脏。切记，发音时重音在第二个音节，这样才能显示出你是赫雷斯这座城市的常客，熟悉那里的种种。多数雪利酒用帕诺米诺葡萄酿造而成，这种葡萄生长在白垩含量极高的阿尔巴利萨土[①]上，而赫

---

① 阿尔巴利萨土（Albariza soil）由矽藻矿土构成，发现于西班牙。

雷斯地区正因该种土壤为人所知。话到此处可以打个趣，说你最钟爱的雪利酒是绝干型，干的程度跟这土壤一样。

所有类型的雪利酒都会有至少三年的陈化，且这一过程将通过名为索雷拉的陈酿系统（solera system）完成。你试图推诿说这个东西"复杂到没法说明"，但仍然会充满男子气概（或女子气概）地来试一下：基本上，酒窖中摆放有多排木桶，每排木桶存放的雪利酒酒龄不同。每年取最老的木桶中约三分之一的雪利酒进行装瓶，缺少的部分通过从第二老的木桶中取酒填满，而第二老的木桶被取走的部分则从第三老的木桶取酒填满……以此类推。最新的木桶中则存放当年新酿的雪利酒，且按规定至少得有三组酒桶。在索雷拉陈酿系统中，新酒和老酒混合在一起，然后混合后的酒不断被取走又补充。整个流程有点像在玩俄罗斯套娃，只不过是把套娃换成了酒桶。

雪利酒有两种主要类型：一种是浅色的干型菲诺（fino）和曼萨尼亚（manzanilla），酿造时天然酵母菌会在酒体表面会生成一层薄膜，被称为"酒花"（flor），而酒便在这层薄膜的覆盖下进行陈化；另一种则是深色的干型奥罗露索（oloroso），酿造过程中没有酒花生成。这两种便是所有雪利酒风格的原型。

将被酿成菲诺或曼萨尼亚的雪利酒会被一点点加强，以促进酒花的生长。实际上，在索雷拉陈酿系统中，每年添入的新酒为酒花提供了充足的食物，有助于保持薄膜不被稀释。这一层酒花会保护陈化中的葡萄酒，使其与空气隔绝，从而生成雪利酒特有的浓烈味道——一种你可以用"哈味"来形容的特质。即便"哈味"本质上就是"哈喇子味"的意思，这种用词哪怕在葡萄酒圈里也完全得体。现在你可能已经猜到了，究其根本，菲诺和曼萨尼亚是一样的，只不过曼萨尼亚产自圣卢卡尔 - 德 - 巴拉梅达产区，在那里相对凉爽的沿海条件下酿造，生成的酒花膜更厚，赋予了它甚至比菲诺还要强烈的咸腥味。

正宗的干型阿蒙提拉多雪利酒（amontillado）其实是在酒花死亡后进行陈化的菲诺或曼萨尼亚。换句话说，阿蒙提拉多的陈化过程会与空气接触。整个陈化过程需要大约五年。务必用"坚果味"来形容正宗的阿蒙提拉多，别问，问就是规矩使然。"不正宗的"阿蒙提拉多是一种半甜型的商业调制品，做法是向干型雪利酒里添加蜜甜尔（mistelle）来增甜。蜜甜尔是一种葡萄汁和酒精的混合溶液。显而易见，你当然更喜欢正宗版本。

如前文提到过，奥罗露索的陈化不依靠酒花，这意味着其酒体在整个陈化过程中都会跟空气接触，导致其颜色氧化加深。奥罗露索雪利酒的酒体比菲诺或曼萨尼亚更加饱满，但依旧是干型。如同阿蒙提拉多，奥罗露索也有"坚果味"，你还可以加上"葡萄干味"这一默认形容词。将要被酿造为奥罗露索的基酒会被着重加强，以阻止酒花的生成。有时，会将奥罗露索甜化制成奶油雪利。

什么是帕罗考塔多（Palo Cortado）？同时持有大英帝国官佐勋章和"葡萄酒大师"称号的扬西斯·罗宾森在其著作《牛津葡萄酒大辞典》中，将帕罗考塔多称为"一种阿蒙提拉多和奥罗露索之间自然产生的中间态类型及风格"。如果这种说明对罗宾森女士来说足够明了，那对我们来说同样明晰。你只需要知道，坚果味的干型帕罗考塔多（昵称为"帕考塔"）是雪利酒最少见的一种分类，酿造过程中不会出现酒花，而且要陈化达十年以上。因此，若你发现自己遇见了帕罗考塔多，完全值得激动得满地打滚。

最后还剩下佩德罗－西门内（Pedro Ximénez）。这是种色深而浓稠、仿佛糖浆一样的雪利酒，由晒干后的佩德罗－西门内葡萄酿造而成。称之为"PX"，能获得假行家的最高荣耀。你不单可以把这种雪利酒淋在香草冰激凌上，还能再撒上一把葡萄干，这还是多位葡萄酒作家都推荐的做法。按照他们说的做，沾他们的光就好。

波特酒（Port）

波特酒和雪利酒都是加强型葡萄酒，不过，它俩的相似之处也就仅限于此了。雪利酒（主要）由单一白葡萄品种帕诺米诺酿造而成，而波特酒则是混酿，酿酒葡萄包括多种皮粗肉厚的大个红葡萄，比如国产多瑞加、多瑞加弗兰卡、罗丽红、猎狗和红巴罗卡。然而，两种酒最大的区别当属加入葡萄蒸馏酒进行加强的时机——为何雪利酒是爽脆的干型，而波特酒却是甜型的原因。对于雪利酒，加强在发酵结束**之后**进行，那时葡萄汁里所有的糖分都已经被酵母消耗殆尽。波特酒与之相对，在发酵结束**之前**就会加入葡萄蒸馏酒，赶在酵母还没有消耗完所有糖分之前。在发酵期间加入葡萄蒸馏酒会让发酵终止，从而使酒中留有大量甜甜的未发酵糖分，可以称之为"残留"糖分。

波特酒于十七世纪被发明，多亏英国人大力促成。当时正值对法贸易战期间，英国人不得不从其他地方进口葡萄酒，而葡萄牙作为英国值得信赖的盟友，很乐意承担这项"义务"。问题在于，葡萄酒会在前往英国的航行中变质——除非预先加入白兰地进行加强。英国葡萄酒酒商驻足葡萄牙的杜罗河谷——如今波特酒的产地——将这块土地开拓为殖民地，并从此定居在了那里。顺带一提，杜罗河谷于 1756 年被确立为官方认可的葡萄酒产区（"划定区域"），远早于法国的原产地命名体系。

如果你觉得雪利酒已经非常复杂，那波特酒能让你头疼不已——比喻意义上和字面意义上都是如此，（如果一口气灌太多）会造成十分严重的宿醉。关于波特酒的第一个重点：它分为桶陈（在木桶中陈化）和瓶陈。桶陈波特酒通常颜色更浅，香料味和坚果味都更加浓郁；与之相对，瓶陈波特酒呈深色，水果风味明显。葡萄酒假行家也会非常热衷于探讨一支波特酒是否经过过滤。残留固体（死亡的酵母细胞等）会使得未过滤的波特酒更为浓稠，同时赋予它风味和酒体，且有助于其随酒龄增长而持续提高品质。在泥状物沉积到瓶底之后，便是所谓的"形成了沉淀"，于是就需要执行一套冗长而复杂的滗酒流程，把这些泥状物从酒中分离。

波特酒的分类之繁多复杂，让雪利酒的索雷拉陈酿系统看起来仿佛小朋友过家家。这还没完，波特酒产商又赶来火上浇油。他们之间似乎有一场竞争，看谁能在一个酒标上提及"年份"的次数最多，哪怕标签之下的葡萄酒跟年份波特酒存在的共通之处，就跟年份波特酒与老爷车、复古时尚①之间的关系一样。不过，若想要在波特酒这个话题上充行家，那你还是需要熟悉其中的一些主要类型。

正宗的年份波特酒（vintage Port）是最靓的波特酒，并有着与该地位相匹配的价格。它通常只用顶级葡萄园内的顶级葡萄酿造而成，产量仅占全部波特酒产量的不到百分之一。年份波特酒呈现深紫色，单宁厚重、层次丰富、果味浓郁，可能需要二十年才开始进入最佳状态。正是由于年份波特酒要花如此漫长的时间才能达到"适饮"，它一度被当做赠予男孩的传统受洗礼物，因为孩子和酒差不多同时间成熟。通常的购买单位为一桶（或称一"葡萄酒桶"②），容量高达约六百瓶葡萄酒。

需要说明一下，年份波特酒是一种混酿，由且仅由来自同一个年份的葡萄酒混酿而成，而这个年份要满足两个条件：一是人们认为该年份十分优秀，二是要经由官方"宣布"。你可以这样评论：首先，这样的年份平均每十年会出现三个；其次，这档子事儿完全是由各个产商自行决定和宣布的。年份波特酒属于瓶陈波特的一种，在木桶中陈化两到三年后，在未过滤的状态下装瓶，然后一直瓶陈到成熟为止。自然状态下，年份波特酒会形成沉

---

① 年份波特酒的英文为"vintage Port"，而老爷车的英文为"vintage car"，复古时尚的英文则是"vintage fashion"。"Vintage"一词同时有"特定年份的（专指葡萄酒）"和"老式复古"的含义。

② 葡萄酒桶（pipe），尤用作计量单位，1葡萄酒桶通常等于105加仑（约477升）。此处的一桶即指葡萄酒桶，而非用作油或啤酒容积单位的"桶"（1桶约合192升）。

淀，因此需要进行滗酒。

其他属于瓶陈类型的波特酒还有单一酒园年份波特酒（single-quinta vintage Port）和沉淀波特酒（crusted Port）。单一酒园年份波特与年份波特酒的酿造方式相同，但酿酒的葡萄均来自单一葡萄园或酒庄。同样的酒，在官方宣布的"年份"中会被混酿在一起来生产年份波特，而在那些虽然挺好但没达到"年份"标准的年份中则会被作为单一酒园年份波特出售。

与单一酒园年份波特类似，沉淀波特旨在吸引年份波特酒的狂热爱好者，只不过没有那吓死人的价格标签而已。沉淀波特是一种混酿，由多个年份的葡萄酒混酿而成，在木桶中陈化三到四年之后，稍加过滤或未经过滤便在年轻时装瓶。它之所以得名"沉淀"波特，正是因为瓶中形成的沉淀，或者说"酒渣"。

感谢老天，下面开始讲桶陈波特酒。给你自己倒上一杯喝的，我们一起熬过去。桶陈波特酒在木桶或水泥罐中陈化，通常在过滤后装瓶，这时便可以饮用了。

称为茶色波特（tawny Port）的桶陈波特酒会在木桶中花上至少六年来熟成，它的名字也正是源自其琥珀棕和茶色的色调。有时，茶色波特会被标为十年、二十年、三十年或四十年陈酿，但数字仅为估计而已，因为这种酒由多个年份的葡萄酒混酿而成。你可以发表这样的评论：三十年或四十年陈酿并不总是物有所值，十年和二十年的才是。茶色波特的坚果和无花果风味稍加冰镇后最佳，因此成了波特酒产商的每日小酌之选。丰收波特（colheita Port）是单一年份的茶色波特，在木桶中熟成至少七年，通常更久。在陈年茶色波特酒中，丰收波特或许是其中最为上乘的。

晚装瓶年份波特（late-bottled vintage Port，LBV）是单一年份葡萄酒，要在木桶里熟成四到六年。这听起来挺简单的，然而你猜怎么着儿？LBV 有两种。一种是传统型 LBV，装瓶时未经过滤；另一种是更为常见的基础型 LBV，会经过滤处理。

如你所知，未经过滤的传统型 LBV 需要滗酒，其品质在装瓶后数年内仍能持续提升。这种波特酒颜色较深，酒体饱满，产自优秀但未经宣布的年份，具备年份波特酒的所有特征，可价格却很亲民，作为年份波特酒的替代选择十分合宜。日常餐酒级的基础型 LBV 由于已经过滤，因此酒体更加轻盈，口感没那么浓稠。一旦装瓶，品质似乎便不再提升，其优点在于没有沉淀，不需要滗酒。想都不用想，你肯定更中意传统型 LBV。

宝石红波特（ruby Port）物美价廉，属于桶陈波特酒，会在桶中陈化一到三年，然后进行过滤，在依旧年轻时装瓶。它呈现火焰般的深邃宝石红色，搭配柠檬饮用最佳。

终于轮到年份特色波特（vintage character Port）——有时也被称为年份珍藏波特（vintage reserve Port）。我们可以理直气壮地转头就跑，一边跑一边尖叫："年份年份，年年有份！"[1]理论上，这种酒是特级宝石红波特，通常要在桶中大容积陈年最高

---

[1] "年份年份，年年有份"，原文为"Vintage, schmintage"。这个概念最早或出自时尚行业，指时尚潮流对"复古"（vintage）的钟爱，复古设计长盛不衰，万物皆可复古。

五年的时间，然后才装瓶并过滤。然而，与"年份"这个词在葡萄酒上暗示的含义相反，年份特色波特根本不是单一年份的葡萄酒。或许因为对此感到尴尬，很多波特酒产商已将这几个荒唐的字眼从酒标上移除了，转而替换为自己的品牌名。

白波特（white Port）确实存在，由比如麝香葡萄这样的白葡萄品种酿成。不过，正如欧内斯特·科伯恩（此方面的权威和泰斗）曾经说过的那样："波特酒的头等义务是呈现红色。"相对来说，桶陈波特很少是干型，而且基本没有坚果味。多数白波特都很甜，最佳喝法可按杜罗河地区的法子：搭配汤力水，再加上一片柠檬。

马德拉酒（Madeira）

马德拉酒是唯一一种人为去故意"煮熟"的葡萄酒。该工艺被称为温室法——将酒在 120 ℉（49℃）的温度下加热一段相当长的时间，而马德拉酒独树一帜的烧焦味正源于此。"所有这些，"你可以故意开口道，"都是为了模拟最初马德拉酒的遭遇。当时人们拿它当压舱物，装在前往非洲和西印度群岛的远航船只上。这条航线会两次穿越赤道，结果没想到它在航行中被煮熟了。"

此外，马德拉酒的酿酒葡萄品种也很古怪——舍西亚尔、维尔德罗、布尔和玛姆齐——或者说，本来就应该是奇怪的。坊间流传着这样一种说法（身为假行家的你可以在说的时候故意使个眼色）：这四大贵族葡萄品种已经退出舞台，取而代之的是黑莫乐葡萄，一个不那么贵族的品种。

仅将声称自己是名葡萄酒专家作为最终手段之一——前提还得是你身着正装。出于某些原因，服务员并不相信穿着随意的人对葡萄酒会有任何了解。

美 酒 与 佳 肴

　　餐馆大部分的利润来自葡萄酒，溢价300％—400％并不少见，记住这点非常重要。法国的情况甚至更加恶劣，贪得无厌的餐馆抬高普通葡萄酒的价格，高到对普通葡萄酒最有需求的普罗大众根本买不起。无论在哪里，提价200％几乎都被看做是最低限度，虽然这个涨幅也没法用合理来形容。

　　有些餐馆抬高价格却未被发觉：在那种随处可见的街头法式小餐馆里，顾客会为最基础不过的廉价劣质酒掏出两倍于商业街平均售价的钱却毫无异议。着实是一个令人沮丧的现实。牢牢记好，此类葡萄酒通常出处十分可疑，或许制造商投入的酿造成本也就相当于一盒火柴的钱，即便再加上运输、关税以及给葡萄种植者和酒商的合理利润空间，餐馆的单支购入价也很难高过一支廉价雪茄。

　　前往一家有酒类经营执照的餐馆时，一定要心里有数，你正让自己步入一场繁复的仪式之中。斟酒的服务员训练有素，会先将酒单递给客人中看起来最重要的那位，并倒出少许供他（而且通常都是"他"）品尝，不过服务员们很少会被东家告知这一系列行为的目的。

正因如此——而且因为绝大多数顾客都异常顺从——侍酒的服务员根本不情愿将酒撤下收回。下面的几条简单准则或许有助于你坚定立场：

1. 如果不打算接受送上的葡萄酒，一旦服务员倒出少许要给你品尝，立马表示拒绝；若有所迟疑并开始品尝，那服务员就会立刻心领神会，推测你要么还不确定自己的立场，要么这葡萄酒还挺好喝。

2. 态度有礼的同时保持坚定。只要表露出一丝犹豫，都会被服务员看在眼里——做服务员的，他们做出的假设无非三种：客人蠢、客人错了、客人就想试试而已。

3. 仅将声称自己是名葡萄酒专家作为最终手段之———前提还得是你身着正装。出于某些原因，服务员并不相信穿着随意的人对葡萄酒会有任何了解。

当然，这样的小技巧并非必需，甚至还会毁掉一个本来计划完美的浪漫夜晚。但从另一方面来说，或许会是个不错的测试。毕竟，一个不允许你挑战侍酒服务员的伴侣，可能也没有准备好在其他领域给你充分的自由。这种时候发现最好不过了，你唯一要承担的后果就是为劣质葡萄酒买个单而已。

"服务生，这瓶酒被软木塞污染了"

人们普遍认为，要想有资格被称为一名真正的葡萄酒专家，你需要具备瞬间分辨出一瓶酒是否已被软木塞污染的能力。实际上，没有任何葡萄酒术语会像"软木塞污染"一样让人困惑。有些人天真无邪地相信，若酒里漂浮有少许软木塞碎片，那这瓶葡萄酒就已被软木塞污染。事实并非如此。虽然不太雅观，但少许软木塞碎片根本不会对葡萄酒的味道产生任何影响。要是有影响，那所有葡萄酒无一例外都会被污染，毕竟只要酒在瓶子里，就一直会跟软木塞发生接触。

有些相当懂行的人会说：被软木塞污染的葡萄酒喝起来会有一股"软木塞味"。不过，考虑到我们之中没多少人喜欢没事嚼个软木塞，因此更容易为人所接受的说法是：葡萄酒闻起来有股潮湿发霉的味道，仿佛一间湿度爆表的房子，或多或少香气尽失（即味淡如水）。或许你还可以指出，"软木塞污染"这个词严格来说毫无意义，"不新鲜"一词要直白得多——没采用它仅仅是因为葡萄酒专家讨厌这个词而已。如果你想要秀一把，那就指出该问题的罪魁祸首是 2,4,6 - 三氯苯甲醚，在对软木塞进行漂白后而还未清洗之时，有时会形成这种化学物质。

"不新鲜"也分为多种类型。除了潮湿的霉味之外，还有氧化。当葡萄酒暴露在空气中，就会发生氧化，到了最后，酒会变成棕色，气味则有点像太妃糖。然而，对于某些葡萄酒来说，尤其是雪利酒和马德拉酒，这反而是人们求之不得的结果。若你面前的葡萄酒既疲乏又衰老，或是已经坐了太长时间的冷板凳，那

"马德拉化"（即味道变得像马德拉酒）一词是值得你掌握并运用的优秀术语。这个词也可用在人的身上——就冷板凳那部分而言。

记住，对于使用螺旋盖密封的葡萄酒来说，不存在"瓶盖污染"这种说法。

美酒与美食

毫无疑问，多数葡萄酒饮用时需要搭配美食。一瓶上等的勃艮第红葡萄酒或加州赤霞珠明显不是为了单独饮用才酿造出来的。这一条也适用于酒精度数更高的白葡萄酒，例如勃艮第白葡萄酒或苏玳。不过，对于酒体更轻盈的葡萄酒来说——主要是白葡萄酒，少数为红葡萄酒——实际上单独饮用更加合适。

摩泽尔-萨尔-伍瓦产区①出产的优质雷司令仿若葡萄酒界的巴赫小提琴独奏变奏曲；翠绿酒庄出产的葡萄酒则好比舒伯特，太过精致纤细而不能与任何美食发生交集；至于阿尔萨斯麝香干白葡萄酒，最好作为餐前开胃酒饮用。

在谈到哪种葡萄酒应该搭配哪种食物这一让人困惑不已的话题时，你不应被吓倒，此处的黄金准则就是不存在任何准则。先说说被普遍接受的经典原则，即只有白葡萄酒才能搭配鱼类食物。必须承认，对于多数鱼类菜肴，最佳搭档非白葡萄酒莫属，此类组合例如密思卡岱和甲壳类、莫索与浓厚奶油汁鲽鱼。然

---

① 即摩泽尔产区，2007 年 8 月 1 日前，该产区仍被称为摩泽尔-萨尔-伍瓦产区。

而，巴斯克的代表菜肴腌鳕鱼以及普罗旺斯杂烩这两种美食，它们的味道都很重，需要搭配红葡萄酒解腻。此外，一些褐色肉鱼类，比如三文鱼和新鲜鲑鱼，尤其适合搭配轻盈的红葡萄酒。你也可以尝试搭配一些反套路的组合，比如教皇新堡搭牡蛎，或者欧洲大扇贝配仙粉黛。至少，嘴上要说自己这么试过。

另外也流传有这样一种观点：绝大多数的奶酪，包括布里奶酪和卡蒙贝尔奶酪这样的花皮软质奶酪在内，作为上等波尔多（波尔多淡红葡萄酒）的饮用搭档尤为绝妙。这却并非事实。花皮软质奶酪会彻底改变优质红葡萄酒的特性，导致它们喝起来甜得奇怪。在葡萄酒贸易中有一句老话："买进靠苹果，卖出靠奶酪。"不过，这只适用于廉价葡萄酒。大拉菲若配上布里奶酪，会彻底失去拉菲的真，倒还比不上博若莱了。

对波尔多红葡萄酒来说，即使是切达奶酪，味道也太过强烈和尖锐了。真正与优质红葡萄酒相性良好的唯有质地坚硬且气味稀薄的奶酪，比如意大利的佩科里诺奶酪和优质的西班牙曼彻格奶酪。

过度放纵：健康与宿醉

在这个话题上，过去老生常谈的吹嘘语录通常包括：一串充满果味的咯咯笑，以及一个葡萄酒与性有诸多共通之处的暗示——二者都是越多越快乐，只要适度（而在此类事情上，"度"可以被扩展到极限）。如今，若你希望捍卫适量饮酒有益健康的观点，有一系列临床医生都一致认可的科学论据均用于支持你的主张。

首先，用"法国悖论"开场：虽然法国人的日常饮食富含饱和脂肪（奶酪、肉酱、油封鸭等），但令人气愤的是，他们的冠心病发病率却相对很低。接着，甩出制胜王牌：已经证实，适量饮用红葡萄酒最多可将心脏病发病率降低50％。红葡萄酒的主要益处在于，它有助于清除体内的"自由基"，这是一种名字很甜、实际却很危险的化学物质，容易引发过敏反应。

针对法国人的这项研究不仅在1995年得到了丹麦科学家的证实，还得到了《美国老年病学会期刊》的支持。该期刊报道说：每天饮用不超过三杯葡萄酒，或能降低罹患阿尔茨海默病的风险。当年求一醉消百事，如今来一杯固记忆。

你可以紧接着列出一长串其他支持葡萄酒好的主张：排出肾结石、帮助缓解类风湿关节炎、含有一种天然的抗癌药、能够抑制沙门氏菌和大肠杆菌、治愈腹泻比常规药片和药水更加有效。

尽管列举了这么多，葡萄酒仍存在一个让人烦恼的特质，那就是容易导致宿醉。当然，这个问题或许要找酒精问责，但身为假行家的你可以指出，很多红葡萄酒之所以会引发宿醉，其罪魁祸首是组织胺。通过服用抗组织胺药（由伟大的英国葡萄酒专家迈克尔·布罗德本特率先提出），便可简单地将红葡萄酒产生的作用抵消。

假装你对葡萄酒无所不知没什么意义，因为没有任何人能做到。可如果你已经读到这里，并且至少稍微吸收了点本书包含的信息和建议，那几乎可以肯定你的葡萄酒知识已经超过了 99%的人——你知道葡萄酒是什么、它是如何酿造的、它是在哪里酿造的、该如何侍酒以及如何饮用。

　　现在要怎样利用这些信息取决于你自己，可仍有一个建议：对你新获取的知识充满信心，看它将带你走出多远，但最重要的则是乐在其中。还有，要记住真正关键的卖弄技巧只有一个：就是谨慎挑选发言时机，其余时间都把嘴牢牢闭好。而这一点，只要嘴里充满发酵过的葡萄汁，便可以轻而易举地做到。

名 词 解 释

产区（Appellation）

指定葡萄酒生产地区，受精细复杂（要么没人理睬，要么根本不相关）的法律保护。

原产地命名（Appellation Contrôlée, AC）

译自法语，适用于产自执行某些标准的指定地区的法国葡萄酒，但并不意味这样的法国葡萄酒有哪里好。

紧涩的（Austere）

形容某种葡萄酒流经上颚时给你带来好比硬质水流过铜水管的那种口感。

橡木桶（Barrique）

译自法语，装酒的木桶，常用来指一种容量为 225 升的波尔多木桶。

生物动力学葡萄酒（Biodynamic Wine）

一种基于生物动力学原理制作的"嬉皮"葡萄酒。根据宇宙能量和行星运动，向葡萄藤注入矿物、动物和植物材料。说真的，不是乱编的。

灰葡萄孢菌（Botrytis）

一种友好的真菌，是制作像苏玳这样的甜葡萄酒的必需原料。被感染的葡萄会在藤上枯萎并风干，天然的糖分浓缩其中，以"贵腐"为人熟知。

晕瓶（Bottle-Sick）

一种刚装瓶葡萄酒受影响后的暂时状态。跟人类灌下太多瓶酒后出现的状态无关。

酒帽（Capsule）

包裹着软木塞的、金属或塑料的碍事东西。金属的酒帽还不错——只要不提最早用的材料是铅——但硬塑料的酒帽就不知能起什么帮助了。

品种（Cépage）

译自法语，指"葡萄的品种"。

加糖酿造法（Chaptalisation）

译自法语，指向未发酵的葡萄汁中加糖的工艺。该方法于十八世纪发明，并以发明者让－安东尼·夏普塔尔的姓来命名。法国人明智地认为这个名称比"加糖工艺"听着好。

酒庄（Château）

译自法语。义项一，原指法国的城堡或庄园；义项二，可指波尔多地区任何一座其中——附近也行——有人酿造或储存葡萄酒的房屋、工具棚或仓库。

酒庄装瓶（Château-Bottled）

上一词条中提到的房屋、工具棚和仓库等出产并装瓶的葡萄酒。

风土地（Climat）

译自法语，专指勃艮第地区的葡萄田。

村庄（Commune）

译自法语，意为"行政区"。

酒庄 / 园（Cru）

译自法语，意为"种植园"，最好译为"葡萄园"。最好的法国葡萄酒喜欢称自己为特级酒庄（园）、一级酒庄（园）、顶级酒庄（园）等等。

特酿（Cuvée）

一瓶"混酿葡萄酒"的法语说法。

DO（Denominación de Origen）

基本跟 AC 一个意思，不过来自西班牙语。

DOC（Denominazione di Origine Controllata）

基本跟 DO 一个意思，不过来自意大利语。

精粹（Extract）

使葡萄酒好喝的，酒精、酸性、果味和糖分之外的物质。

车库酿酒师（Garagiste）

译自法语。车库酿酒师不会为你修车，也不会把音乐放得震天响。他们是新浪潮波尔多酿造者，在自己的车库里生产价格高昂且产量稀少的葡萄酒，比如瓦伦拓酒庄和里鹏酒庄。

畅饮的（Gouleyant）

译自法语，优雅地表达出"能大口喝个不停"的意思。

佳酿（Great）

任意好于平均水平的葡萄酒。

酒泥（Lees）

译自古英语，原指堆积在像发酵罐这类容器底部的"泥状物"（沉积物）。在葡萄酒中，酒泥包括葡萄的籽、茎、皮和死亡的酵母细胞。像蜜思卡岱之类的葡萄酒会伴着沉积物进行陈酿，这样会使酒体更浓厚、味道更浓烈。

果渣白兰地（Marc）

一种用蒸馏后的葡萄皮和葡萄籽等酿制而成的白兰地酒，法语读作"马儿"，在意大利被称为格拉巴酒。

苹果酸 - 乳酸发酵（Malolactic Fermentation）

酒精发酵完成后有时引起二次软化，此时艰涩的苹果酸转化为更柔和的乳酸。

甜型（Moelleux）

译自法语，意为"很甜的"。在喝到之前，很难正确发音的单词。

非葡萄杂物（Matter Other than Grapes，MOG）

美国创造的短语，意为"不是葡萄的东西"。使用例句："我看到有一小只不是葡萄的东西悄悄爬进去了。"

酒商（Négociant）

译自法语。指会通过购买、混酿、统一装瓶成自己出产的葡萄酒销售的葡萄酒商人。

予思勒度数（Oechsle）

译自德语。用来衡量葡萄甜度的标准。予思勒度数之于葡萄酒（"啊是的，予思勒度数达 117° ——大名鼎鼎"），就好比克歇尔编号[1] 之于莫扎特的作品。

酿酒学家（Oenologist）

葡萄酒专家中的专家。

粉孢子（Oidium）

名称和本性都很讨厌的小小真菌，会使葡萄枯萎，变成灰

---

[1] 克歇尔目录是奥地利音乐学家克歇尔对莫扎特的音乐作品所做的编年式编号系统。克歇尔目录不但将莫扎特的作品系统化进行整理，减少不必要的同调性、同类型作品的混淆外，亦能比对作曲家不同作品的创作风格和特色。

色，即白粉病。同是真菌，它完全没有灰葡萄孢菌那么友好。

普通的（Ordinaire）

译自法语，指毫无亮点。

上颚（Palate）

口腔后部那块柔软的平坦组织，被认为是味觉器官。到头来，上颚跟味觉感受也没多大关系。人们认为味觉好的人可以成为合格的品酒师，但实际上，上颚好给人带来的帮助只有口齿清晰而已。

罗伯特·派克（Parker, Robert Jr）

美国律师，提出了满分为 100 分的葡萄酒评分机制。标准跟美国教育差不多：没人得分会低于 60，多数得分 90 以上。在他的影响力下，据说很多法国葡萄酒都派克化了：迎合强大的美国品味，即猛、烈、浓，且带有用新橡木才有的浓郁橡木味。

片岩（Schist）

薄片状的板岩土壤，很适合种植葡萄。

侍酒师（Sommelier）

一种令人生畏的葡萄酒服务员，会盯着你瞧，好像你是某种他本可能顶替的东西一样。

丹宁（Tannins）

红葡萄酒中艰涩、味苦且粗糙的物质，来自葡萄的皮、籽和梗以及陈酿时的橡木桶。味道好比直接嚼茶包，不过会随着时间逐渐柔和。对于需要陈年的葡萄酒来说，丹宁是其必需物质。

呛鼻（Toffee–Nosed）

用于描述被轻微氧化的葡萄酒。有时也适用于形容某些葡萄酒评论家自命不凡。

缺量（Ullage）

酒瓶中液面到瓶塞间的距离。葡萄酒的年份越老，这个距离越大。

日常餐酒（Vin de Table/Vino da Tavola）

能把你喝到桌子下面去的葡萄酒。

陈酿葡萄酒（Vin de Garde）

陈年了一段时间的葡萄酒。

译 名 对 照 表

产区 [①]

阿根廷

门多萨（Mendoza）

门多萨河上游（Upper Mendoza River）

图蓬加托（Tupungato）

乌科山谷（Valley de Uco）

萨尔塔（Salta）

卡法亚特山谷（Valle de Cafayate）

[①] 由于本书内容所限，译名对照表中仅对主产区与次（子）产区进行区分，不区分次产区与子产区。

澳大利亚

　　南澳大利亚(South Australia)

　　　　阿德莱德山(Adelaide Hills)

　　　　巴罗萨谷(Barossa Valley)

　　　　河地(Riverland)

　　　　克莱尔山谷(Clare Valley)

　　　　库纳瓦拉(Coonawarra)

　　　　麦克拉伦谷(McLaren Vale)

　　　　帕史维(Padthaway)

　　　　石灰岩海岸(Limestone Coast)

　　　　伊甸谷(Eden Valley)

　　塔斯马尼亚(Tasmania)

　　　　笛手河产区(Pipers River)

　　　　塔玛尔谷(Tamar Valley)

　　维多利亚(Victoria)

　　　　比曲尔思(Beechworth)

　　　　吉朗(Geelong)

　　　　路斯格兰(Rutherglen)

　　　　莫宁顿半岛(Mornington Peninsula)

　　　　亚拉河谷(Yarra Valley)

　　西澳大利亚(Western Australia)

　　　　大南区(Great Southern)

玛格丽特河（Margaret River）

新南威尔士（New South Wales）

瑞福利纳（Riverina）

奥地利

布尔根兰（Burgenland）

坎普谷（Kamptal）

克雷姆斯谷（Kremstal）

鲁斯特（Rust）

施蒂利亚（Styria）

瓦豪（Wachau）

德国

摩泽尔（Mosel）

法国

波尔多（Bordeaux）

博格丘（Côte-de-Bourg）

布莱（Blaye）

卡斯蒂隆波尔多丘（Castillon Côtes de Bordeaux）

格拉夫（Graves）

梅多克（Médoc）

圣艾美隆（St-Emilion）

苏玳（Sauternes）

勃艮第（Burgundy）

博恩丘（Côte de Beaune）

布里尼－蒙哈榭（Puligny-Montrachet）

布衣－飞仙（Pouilly-Fuissé）

金丘（Côte d' Or）

罗曼妮红（Vosne-Romanée）

马贡（Mâconnais）

马贡－吕尼（Mâcon-Lugny）

马贡－普利斯（Mâcon-Prissé）

墨黑－圣丹尼（Morey-St-Denis）

莎萨涅－蒙塔什（Chassagne-Montrachet）

武乔（Vougeot）

夏布利（Chablis）

香波－蜜思妮（Chambolle-Musigny）

夜丘（Côte de Nuits）

哲维瑞－香贝丹（Gevrey-Chambertin）

博若莱（Beaujolais）

布鲁伊（Brouilly）

布鲁伊山坡（Côte-de-Brouilly）

风磨（Moulin-à-Vent）

花坊（Fleurie）

蕾妮耶（Régnié）

墨贡（Morgon）

圣爱（Saint-Amour）

希露柏勒（Chiroubles）

谢纳（Chénas）

于莲娜（Juliénas）

罗纳河谷（Côtes du Rhône）

艾米塔基（Hermitage）

波姆德威尼斯（Beaumes-de-Venise）

格里耶堡（Château-grillet）

贡德约（Condrieu）

教皇新堡（Châteauneuf-du-Pape）

卡莱纳（Cairanne）

科罗佐 - 艾米塔基（Crozes-Hermitage）

罗丹（Laudun）

罗蒂丘（Côte-Rôtie）

罗纳河谷村庄（Côtes-du-Rhône Villages）

萨布雷（Sablet）

塞居雷（Séguret）

圣约瑟夫（Saint-Joseph）

瓦莱雷阿（Valréas）

朗格多克 - 鲁西荣（Languedoc-Roussillon）

贝尔鲁（Berlou）

菲图（Fitou）

佛耶尔（Faugères）

科比埃尔（Corbières）

拉克拉普（La Clape）

朗格多克克莱蕾（Clairette du Languedoc）

罗克布吕纳（Roquebrune）

密涅瓦（Minervois）

皮克圣鲁普（Pic-Saint-Loup）

皮纳匹格普勒（Picpoul de Pinet）

圣舍南（Saint-Chinian）

卢瓦尔河谷（Vallée de la Loire）

安茹（Anjou）

邦多尔（Bandol）

波奈若（Bonnezeaux）

布尔盖伊（Bourgueil）

大普朗南特（Gros-Plant-du-Pays-Nantais）

都兰（Touraine）

卡尔索姆（Quarts-de-Chaume）

莱庸山麓（Côteaux-du-Layon）

南特（Nantais）

普罗旺斯（Provence）

普宜菲美（Pouilly-Fumé）

萨维尼耶（Savennières）

桑塞尔（Sancerre）

索姆（Saumur）

乌弗莱（Vouvray）

希浓（Chinon）

香槟（Champagne），香槟山坡（Coteaux Champenois）

布朗丘（Côte des Blancs）

兰斯山脉（Montagne de Reims）

美国

得克萨斯州（Texas）

俄勒冈州（Oregon）

威拉米特河谷（Willamette Valley）

华盛顿州（Washington）

加利福尼亚州（California）

安德森山谷（Anderson Valley）

奥克维尔（Oakville）

俄罗斯河谷（Russian River Valley）

卡内罗斯（Los Carneros）

洛迪（Lodi）

门多奇诺（Mendocino）

纳帕谷（Napa Valley）

圣克鲁斯山（Santa Cruz Mountains）

索诺玛（Sonoma）

中央山谷（Central Valley）

纽约州（New York）

  芬格湖群（Finger Lakes）

南非

西开普省（Western Cape）

  埃尔金（Elgin）

  班胡克（Banghoek）

  弗兰谷（Franschhoek）

  康斯坦提亚（Constantia）

  罗贝尔森（Robertson）

  帕尔（Paarl）

  斯坦林布什（Stellenbosch）

  图尔巴（Tulbagh）

  沃克湾（Walker Bay）

  西蒙山（Simonsberg–Stellenbosch）

葡萄牙

  伊斯特雷马杜拉（Estremadura）

阿兰特茹（Alentejo）

杜奥（Dāo）

杜罗河谷（Douro Valley）

西班牙

索蒙塔诺（Somontano）

卡斯蒂利亚－莱昂（Castilla y León）

比埃尔索（Bierzo）

托罗（Toro）

加利西亚（Galicia）

蒙特雷依（Monterrei）

下海湾地区（Rías Baixas）

加泰罗尼亚（Cataluña）

佩内德斯（Penedès）

普里奥拉托（Priorato）

里奥哈（Rioja）

纳瓦拉（Navarra）

希腊

古迈尼萨（Goumenissa）

曼提尼亚（Mantinia）

圣托里尼岛（Santorini）

新西兰

怀帕拉谷（Waipara）

马丁堡（Martinborough）

霍克斯湾（Hawke's Bay）

　吉布利特砾石区（Gimblett Gravels）

吉斯本（Gisborne）

马尔堡（Marlborough）

中奥塔哥（Central Otago）

意大利

弗留利（Friuli）

马尔凯（Marche）

皮埃蒙特（Piemonte）

普利亚（Puglia）

撒丁岛（Sardinia）

威尼托（Veneto）

　科内利亚诺（Conegliano）

　瓦尔多比亚德尼（Valdobbiadene）

西西里岛（Sicily）

　埃特纳火山（Mount Etna）

英国

多佛白崖（White Cliffs of Dover）

骆驼河谷（Camel Valley）

智利

比奥比奥谷（Bío-Bío Valley）

阿空加瓜大区（Aconcagua）

卡萨布兰谷（Casablanca Valley）

中央山谷大区（Valle Central）

库利克谷（Curicó Valley）

马利山谷（Maule Valley）

麦坡山谷（Maipo Valley）

拉佩尔谷（Rapel Valley）

酒 款

GSM 混酿（GSM Blend）

阿佩罗利口酒（Aperol）

阿佩罗气泡鸡尾酒（Aperol Spritz）

阿斯蒂麝香甜型微起泡酒（Moscato d' Asti）

巴罗洛（Barolo）

巴萨克（Barsac）

白仙粉黛（White Zinfandel）

白中白香槟（Blanc de Blancs）

班纽尔斯（Banyuls）

贝里尼鸡尾酒（Bellini）

陈年香槟（Grande Cuvée）

大拉菲（Château Lafite Rothschild）

袋鼠干红（Kanga Rouge）

黛美思（Demestica）

德蒂汽酒（Crémant de Die）

德国冰酒（Eiswein）

狄司令（Diesling）

葛兰许（Grange）

公牛血（Bikaver）

贵妇（La Grande Dame）

行星波动（Planet Waves）

黑牌（Cordon Negro）

黑桃 A 香槟（Armand de Brignac）

黑中白香槟（Blanc de Noirs）

基安蒂（Chianti）

加拿大冰酒（Icewine）

金巴利利口酒（Campari）

卡奥尔黑酒（Cahors）

柯尔酒（Kir）

科罗瑟（Croser）

丽维萨特麝香葡萄酒（Muscat de Rivesaltes）

利哈克（Lirac）

利穆汽酒（Crémant de Limoux）

脸红（Blush）

柳托梅尔雷司令（Lutomer Riesling）

卢埃达（Rueda）

绿点（Green Point）

绿酒（Vinho Verde）

马拉加（Malaga）

马沙拉（Marsala）

美丽时光（Belle Époque）

蒙巴兹雅克（Monbazillac）

蜜思卡岱（Muscadet）

莫索（Meursault）

丘吉尔（Winston Churchill）

热茜娜（Retsina）

塞克特（Sekt）

塞林杰（Salinger）

麝香利口酒（Liqueur Muscats）

圣母之乳（Liebfraumilch）

水晶香槟（Cristal）

唐培里侬香槟（Dom Pérignon）

天堂园雷司令珍藏半干白葡萄酒（Zeltinger Himmelreich Riesling Kabinett Halbtrocken）

托卡伊（Tokaji）

香槟伯爵（Comtes de Champagne）

小袋鼠干白（Wallaby White）

新生（Vida Nova）

月亮姐妹（Sister Moon）

哲思之举（Casino delle Vie）

酒庄（品牌）

阿根廷

佳乐美酒庄（Colomé）

澳大利亚

奔富酒庄（Penfolds Grange）

波兰山葡萄园（Polish Hill）

笛手溪酒庄（Pipers Brook Vineyard）

火焰湾酒庄（Bay of Fires）

简茨（Jansz）

杰卡斯酒庄（Jacob's Creek）

兰迈酒庄（Langmeil）

葡萄之路酒庄（Petaluma）

沙普酒庄（Seppelt）

奥地利

阿洛伊斯·格莱士（Alois Kracher）

威利－欧皮兹（Willi Opitz）

德国

大风山脊（Windy Ridge）

翠绿酒庄（Maximin Grünhaus）

尼德豪泽赫曼豪勒（Niederhäuse Hermannshöhle）

法国

奥利维尔乐弗莱（Olivier Leflaive）

巴黎之花香槟（Perrier-Jouët）

白马酒庄（Château Cheval Blanc）

白雪香槟（Piper-Heidsieck）

宝捷酒庄（Château Poujeaux）

堡林爵（Bollinger）

宝禄爵（Pol Roger）

碧波行古堡酒庄（Château Pibran）

达什（La Tâche）

德尔兹（Deutz）

滴金酒庄（Château d'Yquem）

杜克园（La Turque）

芙萝酒庄默尔索夏姆一级园（Roulot Meursault-Charmes）

红颜容酒庄（Château Haut-Brion）

吉佳乐世家酒庄（E. Guigal）

嘉伯乐酒庄（Paul-Jaboulet Ainé）

凯歌香槟（Veuve Clicquot）

库克香槟（Krug）

拉菲酒庄（Château Lafite-Rothschild）

拉图酒庄（Château Latour）

朗东园（La Landonne）

里鹏酒庄（Le Pin）

路易斯拉图（Louis Latour）

路易王妃香槟（Louis Roederer）

罗曼尼－康帝酒庄（Domaine de la Romanée-Conti）

罗斯柴尔德男爵木桐堡（Château Mouton Rothschild）

玛歌酒庄（Château Margaux）

玛姆香槟（Mumm & Cie）

酩悦香槟（Moët & Chandon Champagne）

慕林园（La Mouline）

欧颂酒庄（Château Ausone）

帕图斯酒庄（Château Pétrus）

裴拉基酒庄（Domaine Pélaquié）

圣安妮酒庄（Domaine Ste-Anne）

泰庭哲（Taittinger）

瓦伦拓酒庄（Valandraud）

忘忧堡酒庄（Château Chasse-Spleen）

维尔戈（Verget）

亚铎（Jadot）

雨果（Hugel）

约瑟夫杜鲁安（Joseph Drouhin）

美国

阿罗珠酒庄（Araujo Estate Wines）

稻草人酒庄（Scarecrow）

德尔兹世家酒庄（Maison Deutz）

杜鲁安酒庄（Domaine Drouhin）

格洛里亚菲拉酒庄（Gloria Ferrer）

哈兰酒庄（Harland Estate）

吉斯特勒酒庄（Kistler Vineyards）

卡内罗斯酒庄（Domaine Carneros）

鹿跃酒窖（Stag's Leap Wine Cellars）

玛尔卡森酒庄（Marcassin）

玛姆纳帕酒庄（Mumm Napa Valley）

蒙特莱那酒庄（Chateau Montelena Winery）

派珀索诺玛酒庄（Piper-Sonoma）

切峰酒庄（Switchback Ridge）

山脊酒庄（Ridge Vineyards）

世酿伯格酒庄（Schramsberg）

香登酒庄（Domaine Chandon）

啸鹰酒庄（Screaming Eagle Winery）

南非

巴尔斯克鲁夫酒庄（Beyerskloof）

布朗庄园（Boschendal）

恩伯格酒庄（Steenberg）

格林汉姆·贝克酒庄（Graham Beck）

古特·康斯坦莎酒庄（Groot Constantia）

汉密尔顿罗素葡萄酒园（Hamilton Russell Vineyards）

皇冠酒庄（Krone）

克莱坦亚酒庄（Klein Constantia）

庞格琦酒庄（Pongrácz）

炮鸣之地庄园（Kanonkop）

皮埃尔－茹尔当（Pierre Jourdan）

上加布里埃尔酒庄（Haute Cabrière）

葡萄牙

歌手酒庄（Adega do Cantor）

西班牙

菲斯奈特（Freixenet）

格拉莫娜（Gramona）

简雷昂（Juvé & Camps）

科多纽（Codorníu）

曼尼斯特洛（Marqués de Monistrol）

帕尔赛特（Parxet）

沛瑞拉达（Castillo Perelada）

若曼达（Raïmat）

维达斯（Segura Viudas）

新西兰

林达尔（Lindauer）

云雾之湾（Cloudy Bay）

意大利

阿达米（Adami）

奥纳亚（Ornellaia）

比索（Bisol）

卡玛（Carpene-Malvolti）

勒柯居（Le Colture）

鲁杰里（Ruggeri）

尼诺－弗兰柯（Nino Franco）

索拉雅（Solaia）

天娜（Tignanello）

西施佳雅（Sassicaia）

扎德托（Zardetto）

英国

丹比斯酒庄（Denbies）

柯西酒庄（Coates & Seely）

里奇维尤酒庄（Ridgeview）

尼丁博酒庄（Nyetimber）

智利

布拉特斯（Jaime Prats）

庞塔利尔（Pontallier）

托尔斯（Torres）

葡萄品种

白葡萄

阿尔巴利诺（Albariño）

　葡萄牙：阿瓦里诺（Alvarinho）

阿兰多（Arinto）

阿利高特（Aligoté）

阿斯提可（Assyrtiko）

白歌海娜（Grenache Blanc）

白姑娘（Fetească Albă）

白皮诺（Pinot Blanc）

白帕雷拉达（Parellada）

白匹格普勒（Picpoul）

白诗南（Chenin Blanc）

白玉霓（Trebbiano）

伯拉多（Borrado das Moscas）

勃艮第香瓜（Melon de Bourgogne）

布尔（Bual）

布布兰克（Bourboulenc）

长相思（Sauvignon Blanc）

法兰吉娜（Falanghina）

弗德乔（Verdejo）

福明特（Furmint）

鸽笼白（Colombard）

格德约（Godello）

歌蕾拉（Glera）

格里洛（Grillo）

哈斯莱威路（Hárslevelü）

候尔（Rolle）

瑚珊（Roussanne）

灰皮诺（Pinot Gris；德国：Ruländer, Grauburgunder；意大利：Pinot Grigio）

克莱雷特（Clairette）

雷司令（Riesling）

露蕾拉（Loureiro）

绿维特利纳（Grüner Veltliner）

马卡贝澳（Macabeo）

   西班牙：维奥娜（Viura）

玛姆齐（Malmsey）

玛珊（Marsanne）

帕诺米诺（Palomino）

佩德罗 - 西门内（Pedro Ximénez）

琼瑶浆（Gewürztraminer，Gewurztraminer，Traminer）

洒瓦滴诺（Savatiana）

赛美蓉（Sémillon，Semillon）

沙雷洛（Xarello）

舍西亚尔（Sercial）

麝香葡萄（Muscat）

    昂托玫瑰（Muscat Ottonel）

    小粒白麝香（Muscat Blanc à Petits Grains）

    亚历山大麝香（Muscat of Alexandria）

塔佳迪拉（Trajadura）

特雷萨杜拉（Treixadura）

特浓情（Torrontés）

维尔德罗（Verdelho）

威尔士雷司令（Welschriesling）

维蒙蒂诺（Vermentino）

维欧尼（Viognier）

霞多丽（Chardonnay）

伊尔塞奥利维（Irsai Oliver）

尹卓莉亚（Inzolia）

红葡萄

阿吉提可（Agiorgitiko）

巴贝拉（Barbera）

巴斯塔都（Bastardo）

赤霞珠（Cabernet Sauvignon）

丹娜（Tannat）

丹魄（Tempranillo）

　葡萄牙：阿拉格斯（Aragonez），罗丽红（Tinta Roriz）

多瑞加弗兰卡（Touriga Franca, Touriga Francesa）

歌海娜（Grenache）

　西班牙：加尔纳恰（Garnacha）

格拉西亚诺（Graciano）

国产多瑞加（Touriga Nacional）

黑姑娘（Fetească Neagră）

黑莫乐（Tinta Negra Mole）

黑帕拉丽塔（Parraleta）

黑皮诺（Pinot Noir）

黑喜诺（Xinomavro）

黑珍珠（Nero d'Avola）

红巴罗卡（Tinta Barroca）

红托罗（Tinta de Toro）

佳丽酿（Carignan）

　　西班牙：卡利涅纳（Cariñena），马士罗（Mazuelo）

佳美（Gamay）

佳美娜（Carmenère）

　　法国：大维督尔（Grande Vidure）

卡达卡（Kardaka）

卡内奥罗（Canaiolo）

卡斯特劳（Castelão）

蓝佛朗克（Kékfrankos）

　　奥地利：蓝弗兰克（Blaufränkisch）

猎狗（Tinta Cão）

马尔贝克（Malbec）

　　法国：黑科特（Côt Noir），欧塞瓦（Auxerrois）

马弗露（Mavrud）

玫瑰妃（Moschofilero）

梅尔尼克（Melnik）

梅洛（Merlot）

门西亚（Mencía）

蒙帕塞诺（Montepulciano）

弥生（Mission）

阿根廷：克里奥恰卡（Criolla Chica）

莫利斯特尔（Moristel）

莫尼耶皮诺（Pinot Meunier）

穆尔韦德（Mourvèdre）

内比奥罗（Nebbiolo）

尼格马罗（Negroamaro）

品丽珠、皮诺塔吉（Pinotage）

桑娇维赛（Sangiovese）

意大利：蒙达奇诺布鲁奈罗（Brunello di Montalcino）

神索（Cinsault）

南非：艾米塔吉（Hermitage）

西拉（Syrah）

澳大利亚：西拉子（Shiraz）

仙粉黛（Zinfandel）

意大利：普拉米蒂沃（Primitivo）

小维多（Petit Verdot）